高等职业教育"十二五"规划教材
浙江省高校（高职高专）重点教材
高等职业教育项目课程改革规划教材

电气控制与 PLC （三菱 FX 机型）

主编　章丽芙
参编　程向娇
主审　苏绍兴

机械工业出版社

本书以实际工作任务为基础，建立了项目-模块式内容体系。全书共有七个项目，分别是：三相异步电动机的继电器-接触器控制、典型生产机械设备的继电器-接触器控制、三相异步电动机的PLC控制、PLC编程软件、步进顺序控制系统、信号灯控制系统、机械手PLC控制系统。各项目之间采用相对独立、由浅入深、依次递进的结构形式。每个项目又包括多个模块，每个模块都包括工作任务、相关实践知识、相关理论知识及拓展知识等内容。

本书可作为高职高专电气自动化技术、机电一体化技术及数控技术等专业的教材，也可供工程技术人员参考。

为方便教学，本书配有免费电子课件、模拟试卷及解答等，凡选用本书作为教材的学校，均可来电索取。咨询电话：010-88379375；电子邮箱：wangzongf@163.com。

图书在版编目(CIP)数据

电气控制与PLC：三菱FX机型/章丽芙主编. —北京：机械工业出版社，2013.8

高等职业教育"十二五"规划教材　浙江省高校(高职高专)重点教材　高等职业教育项目课程改革规划教材

ISBN 978-7-111-42422-2

Ⅰ.①电…　Ⅱ.①章…　Ⅲ.①电气控制—高等职业教育—教材②PLC技术—高等职业教育—教材　Ⅳ.①TM571.2　②TM571.6

中国版本图书馆CIP数据核字(2013)第093365号

机械工业出版社(北京市百万庄大街22号　邮政编码100037)
策划编辑：王宗锋　责任编辑：王宗锋　曲世海
版式设计：常天培　责任校对：申春香
封面设计：路恩中　责任印制：乔　宇
北京铭成印刷有限公司印刷
2013年8月第1版第1次印刷
184mm×260mm　·12.5印张·307千字
0001—3000册
标准书号：ISBN 978-7-111-42422-2
定价：25.00元

凡购本书，如有缺页、倒页、脱页，由本社发行部调换
电话服务　　　　　　　　　网络服务
社服务中心：(010)88361066　教材网：http://www.cmpedu.com
销售一部：(010)68326294　机工官网：http://www.cmpbook.com
销售二部：(010)88379649　机工官博：http://weibo.com/cmp1952
读者购书热线：(010)88379203　**封面无防伪标均为盗版**

前　　言

　　电气控制与 PLC 是高职高专电气自动化技术、机电一体化技术及数控技术等专业的核心课程，是中、高级维修电工取证的必备课程。编者根据目前维修电工职业资格标准，结合多年来的教学经验，采用项目-模块式组织本书内容。

　　全书以培养学生具备高级技能型人才必需的电气控制线路分析、线路安装、PLC 程序设计、自动化设备系统安装、系统故障分析等基本知识与基本技能为核心。全书共有七个项目，分别是：三相异步电动机的继电器-接触器控制、典型生产机械设备的继电器-接触器控制、三相异步电动机的 PLC 控制、PLC 编程软件、步进顺序控制系统、信号灯控制系统、机械手 PLC 控制系统。各项目之间采用相对独立、由浅入深、依次递进的结构形式。每个项目又包括多个模块，每个模块都包括工作任务、相关实践知识、相关理论知识及拓展知识等内容。

　　本书由温州职业技术学院章丽芙任主编，参加编写的还有温州职业技术学院程向娇。章丽芙编写了项目 1～项目 3、项目 5～项目 7 及附录；程向娇编写了项目 4。全书由章丽芙统稿、定稿，苏绍兴教授主审。

　　由于编者水平有限，加上时间仓促，书中疏漏及错误之处在所难免，恳请广大师生、读者批评指正。

编　者

目　录

项目 1

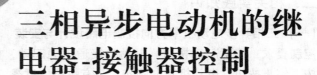

三相异步电动机的继电器-接触器控制

教学目标

1. 能熟练使用常用的低压电器。
2. 能掌握三相异步电动机的基本控制。
3. 能掌握三相异步电动机的减压起动控制。
4. 能掌握三相异步电动机的制动控制。
5. 能掌握三相异步电动机的双速控制。
6. 能调试、排除三相异步电动机控制电路的常见故障。

模块1　三相异步电动机的基本控制

一、工作任务

用常用的低压电器实现对三相异步电动机的单方向控制、正反转控制和顺序控制，分析其控制电路的工作原理，完成硬件电路装接与通电试车，并能根据故障现象进行分析和排除故障。

二、相关实践知识

（一）三相异步电动机单方向控制电路设计与安装

控制要求：按下起动按钮，电动机接通电源起动，松开起动按钮，电动机自锁连续运转；按下停止按钮，电动机断电停转；具有短路、过载、欠电压及零电压保护。

1. 设计电气原理图

根据控制要求，设计出的三相异步电动机单方向控制的电气原理图如图 1-1 所示，此电路为常用的最简单的控制电路。图中，刀开关（电源开关）QS、熔断器 FU1、接触器 KM 的主触头、热继电器 FR 的热元件与电动机 M 组成主电路；熔断器 FU2、热继电器 FR 的常闭触头、停止按钮 SB2、起动按钮 SB1、接触器 KM 的线圈及其常开辅助触头组成控制电路。

起动控制：合上电源开关 QS→按下起动按钮 SB1→接触器 KM 线圈通电吸合→KM 主触头闭合→电动机 M 得电起动；同时接触器常开辅助触头闭合，当松开 SB1 时，KM 线圈仍通过自身常开辅助触头继续保持通电，电动

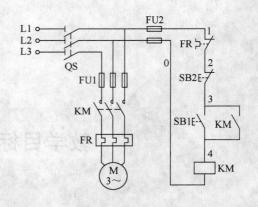

图 1-1　三相异步电动机单方向控制的电气原理图

机连续运转。这种依靠接触器自身常开辅助触头保持线圈通电的电路，称为**自锁电路**或**自保电路**，并联的常开辅助触头称为**自锁触头**。

停止控制：按下停止按钮 SB2→接触器 KM 线圈断电→KM 常开主触头及常开辅助触头断开→电动机 M 断电停转。

由熔断器 FU1、FU2 分别实现主电路与控制电路的短路保护。由热继电器 FR 实现电动机的过载保护。当电动机出现较长时间过载时，串接在控制电路中的热继电器常闭触头断开，切断 KM 线圈电路，使电动机脱离电源，实现过载保护。

由接触器本身的电磁机构来实现电路的欠电压和零电压保护。当电源电压严重过低或零电压时，接触器衔铁自行释放，电动机断电而停机。当电源电压恢复正常时，接触器线圈不能自动得电，只有再次按下起动按钮 SB1 后电动机才会起动，可防止突然断电后来电时造成人身及设备损害，故又具有安全保护作用，此种保护又叫**零电压保护**。

这种电路不仅能实现电动机频繁起动控制，而且可实现远距离的自动控制。

2. 电工工具、仪表及器材

要完成三相异步电动机单方向控制电路设计与安装，用到的电工工具、仪表及器材如下：

电工工具有验电笔、电工钳（剥线钳等）、一字螺钉旋具、十字螺钉旋具和电工刀等；仪表有万用表；主电路导线选用 BV 1.5mm²（黑色），控制电路导线选用 BV 1mm²（红色），按钮线选用 BVR 0.75mm²（黄色），接地线选用 BVR 1.5mm²（绿/黄双色），数量可按实际情况确定。另外还需自制木板一块。导线颜色不必强求，但应使主电路与控制电路有明显区别。

3. 电器元件选择

所用电器元件应根据电动机的规格选择。电动机规格以 4kW、380V 为例，选择的电器元件明细表见表1-1。

表1-1　电器元件明细表

名称	代号	型号	规格	数量
三相异步电动机	M	Y-112M-4	4kW、380V、△联结、8.8A、1440r/min	1
刀开关	QS	HK1-30	三极、额定电流为25A	1
按钮	SB1～SB2	LA10-3H	保护式、按钮数为3	1
熔断器	FU1	RL1-60/25	500V、60A（配熔体额定电流为25A）	3
熔断器	FU2	RL1-15/2	500V、15A（配熔体额定电流为2A）	2
接触器	KM	CJ20-20	20A、线圈电压为380V	1
热继电器	FR	JR16-20/3	三极、20A（热元件电流为11A）、整定电流为8.8A	1
端子板	XT	TD-15A	15A	1

4. 安装与调试

按表1-1配齐所需的电器元件，根据图1-2所示电器布置图画出图1-3a所示的安装接线图，并进行电器元件的安装与配线，实物如图1-3b所示。

单方向控制电路的安装步骤如下：

（1）识图　根据原理图分析该电路的工作原理。

（2）电器元件选择　根据原理图及所控制电动机的功率选择电器元件，并列出电器元件明细表。

（3）清点电器元件数量，并仔细检查各电器元件。

（4）绘制安装接线图　根据原理图画出安装接线图。绘图方法如下：

1）在原理图上标上线号（由于电路简单，可只标控制电路）。控制电路的标号从FU2开始，其两点为1、0，然后每经过一个元件符号标号加1。

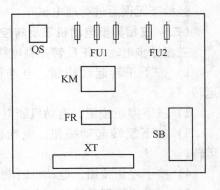

图1-2　电器布置图

2）画出各电器元件的安装布置图。

3）根据原理图画出各电器元件所用到的元件符号。

4）根据原理图中标号的大小顺序在接线图中各电器元件上分别标上标号。

5）标号相同则表示同电位点，需用导线连接。

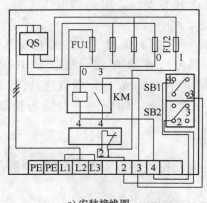

a) 安装接线图

b) 实物图

图 1-3　电器安装接线图与实物图

（5）安装电器元件　根据电器布置图安装各电器元件，安装要符合要求。

（6）接线　根据电气原理图及安装接线图进行接线。

（7）通电前的检查　用万用表检查线路是否正常，检查步骤如下：

1）将万用表扳到电阻挡，并接在 L1、L2 两端。

2）合上刀开关 QS，观察万用表，阻值显示应为无穷大。如果阻值显示为零，则说明电路短路，应认真检查。

3）按下起动按钮 SB1，观察万用表，阻值显示应为一个接触器线圈的电阻值。如果阻值显示为零，则说明控制电路短路，如果阻值显示为无穷大，则说明控制电路开路，应认真检查控制电路。

4）用螺钉旋具按下接触器使其常开触头闭合，观察万用表，阻值显示应为一个接触器线圈的电阻值。如果阻值显示为无穷大，则说明自锁回路开路，应认真检查自锁回路，如果阻值显示为零，则说明主电路短路或自锁触头接错。

经检查无误后进行通电试车。

（二）三相异步电动机正反转控制电路设计与安装

三相异步电动机正反转控制电路的控制要求如下：

1）按下正转起动按钮，电动机接通电源起动正转，松开正转起动按钮电动机连续运转。

2）按下停止按钮，电动机断电停转。

3）按下反转起动按钮，电动机接通电源起动反转，松开反转起动按钮电动机连续运转。

4）按下停止按钮，电动机断电停转。

5）电动机的正反转控制电路必须设有互锁装置，以防止三相电源相间短路。

6）具有短路、过载、欠电压及零电压保护。

1. 设计电气原理图

根据控制要求，设计的三相异步电动机正反转控制电气原理图如图 1-4 所示，主电路中，KM1、KM2 分别为实现正、反转的接触器的主触头。为了防止两个接触器同时得电而导致电源相间短路，利用两个接触器的常闭辅助触头分别串接在对方的工作线圈电路中，形成相互制约的控制，这种相互制约的控制关系称为**互锁**，实现互锁的常闭辅助触头称为**互锁触头**。这种互锁又称为**电气互锁**。该电路要实现电动机由正转到反转，或由反转到正转，都必须先按下停止按钮 SB3，然后才可实现相反方向起动。

　　正转控制：合上电源开关 QS→按下起动按钮 SB1→接触器 KM1 线圈通电吸合→KM1 主触头闭合，KM1 常开辅助触头闭合自锁→电动机 M 得电起动连续正转；接触器 KM1 常闭辅助触头断开，实现对 KM2 互锁。

　　反转控制：合上电源开关 QS→按下起动按钮 SB2→接触器 KM2 线圈通电吸合→KM2 主触头闭合，KM2 常开辅助触头闭合自锁→电动机 M 得电起动连续反转；接触器 KM2 常闭辅助触头断开，实现对 KM1 互锁。

　　停止控制：按下停止按钮 SB3→接触器 KM1（或 KM2）线圈断电释放→KM1（或 KM2）主触头断开→电动机 M 断电停转。

　　2. 安装与调试

　　按表 1-2 配齐所需的电器元件，根据图 1-5 所示电器布置图画出图 1-6a 所示的安装接线图，并进行电器元件的安装与配线，实物图如图 1-6b 所示。经检查无误后进行通电试车。

表 1-2　电器元件明细表

名称	代号	型号	规格	数量
三相异步电动机	M	Y-112M-4	4kW、380V、△联结、8.8A、1440r/min	1
刀开关	QS	HK1-30	三极、额定电流为25A	1
按钮	SB1～SB3	LA4-3H	保护式、按钮数为3	1
熔断器	FU1	RL1-60/25	500V、60A（配熔体额定电流为25A）	3
熔断器	FU2	RL1-15/2	500V、15A（配熔体额定电流为2A）	2
接触器	KM1～KM2	CJ20-20	20A、线圈电压为380V	2
热继电器	FR	JR16-20/3D	三极、20A（热元件电流为11A）、整定电流为8.8A	1
端子板	XT	TD-15A	15A	1

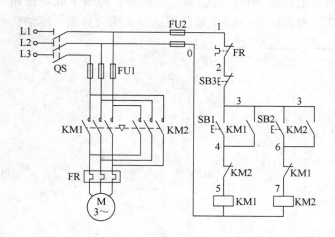

图 1-4　三相异步电动机正反转控制电气原理图

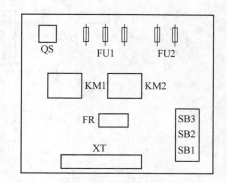

图 1-5　电器布置图

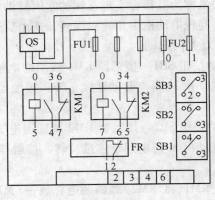

a) 安装接线图

b) 实物图

图 1-6　电器安装接线图与实物图

(三) 三相异步电动机顺序控制电路设计与安装

两条带式运输机的示意图如图 1-7 所示，两条带式运输机的电气控制要求如下：

1) 1 号起动后，2 号才能起动。

2) 按下停止按钮，1 号与 2 号同时停止。

3) 具有短路、过载、欠电压及零电压保护。

1. 设计电气原理图与电器布置图

根据控制要求，设计的三相异步电动机顺序控制电

气原理图如图 1-8 所示，电动机 M1、M2 分别由接触器

图 1-7　两条带式运输机的示意图

KM1、KM2 控制，电动机 M2 的控制电路并接在接触器 KM1 的线圈两端，再与 KM1 自锁触头串联，从而保证了 KM1 得电吸合，电动机 M1 起动后，KM2 线圈才能得电，M2 才能起动，以实现 M1、M2 的顺序控制要求。

起动控制：合上电源开关 QS→按下起动按钮 SB1→接触器 KM1 线圈通电吸合→KM1 主触头闭合，KM1 常开辅助触头闭合自锁→电动机 M1 得电起动连续运转；再按下起动按钮 SB2→接触器 KM2 线圈通电吸合→KM2 主触头闭合，KM2 常开辅助触头闭合自锁→电动机

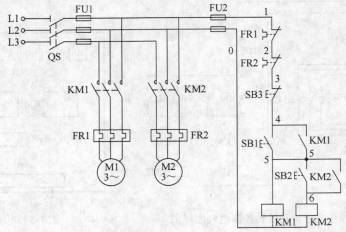

图 1-8　三相异步电动机顺序控制电气原理图

M2 得电起动连续运转，停机时按下停止按钮 SB3，电动机 M1、M2 同时断电停转。

电器元件明细表见表 1-3。电器布置图如图 1-9 所示。

表 1-3 电器元件明细表

名称	代号	型号	规格	数量
三相异步电动机	M1	Y-112M-4	4kW、380V、8.8A、△联结、1440r/min	1
三相异步电动机	M2	Y-90S-2	1.5kW、380V、3.4A、丫联结、2845r/min	1
刀开关	QS	HK1-30	三极、额定电流为25A	1
按钮	SB1~SB3	LA4-3H	保护式、按钮数为3	1
熔断器	FU1	RL1-60/25	500V、60A（配熔体额定电流为25A）	3
熔断器	FU2	RL1-15/2	500V、15A（配熔体额定电流为2A）	2
接触器	KM1	CJ20-20	20A、线圈电压为380V	1
接触器	KM2	CJ20-10	10A、线圈电压为380V	1
热继电器	FR1	JR16-20/3D	三极、20A、整定电流为8.8A	1
热继电器	FR2	JR16-20/3	三极、20A、整定电流为3.4A	1
端子板	XT	TD-15A	15A	1
主电路导线	BVR-1.5		1.5mm²	若干
控制电路导线	BVR-1.0		1.0mm²	若干

2. 安装与调试

按表 1-3 配齐所需的电器元件，根据图 1-9 所示电器布置图画出安装接线图，并进行电器元件的安装与配线。经检查无误后进行通电试车。

三、相关理论知识

凡是对电能的生产、输送、分配和应用起切换、控制、调节、检测以及保护等作用的器件，均称为电器。低压电器通常是指在交流 1200V 及以下、直流 1500V 及以下的电路中使用的电器。机床电气控制线路中使用的电器多数属于低压电器。

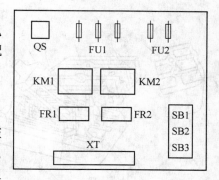

图 1-9 电器布置图

低压电器种类繁多，按其结构、用途及所控制对象的不同，可以有不同的分类方式。

1）按用途和控制对象不同，可将低压电器分为配电电器和控制电器。

用于电能的输送和分配的电器称为配电电器，这类电器包括刀开关、转换开关、低压断路器和熔断器等。用于各种控制电路和控制系统的电器称为控制电器，这类电器包括接触器、起动器和各种控制继电器等。

2）按操作方式不同，可将低压电器分为自动电器和手动电器。

通过电器本身参数变化或外来信号（如电、磁、光、热等）自动完成接通、分断、起动、反向或停止等动作的电器称为自动电器。常用的自动电器有接触器、继电器等。

通过人力直接操作来完成接通、分断、起动、反向或停止等动作的电器称为手动电器。

常用的手动电器有刀开关、主令电器等。

3）按工作原理不同，可将低压电器分为电磁式电器和非电量控制电器。

电磁式电器是依据电磁感应原理来工作的电器，如接触器、各类电磁式继电器等。非电量控制电器的工作是靠外力或某种非电量的变化而动作的电器，如行程开关、速度继电器等。

1. 刀开关

刀开关也称低压隔离器，是低压电器中结构比较简单、应用十分广泛的一类手动电器，品种很多，主要有封闭式负荷开关（铁壳开关）、开启式负荷开关（胶盖开关）和组合开关等。

刀开关主要用于电源切除后，将线路与电源明显地隔离开，以保障检修人员的安全，并且可以分断一定的负载电流。刀开关主要由操纵手柄、触刀、插座和绝缘底板等组成。刀开关外形图如图 1-10 所示，开启式负荷开关结构如图 1-11 所示，刀开关的符号如图 1-12 所示。

图 1-10　刀开关的外形图

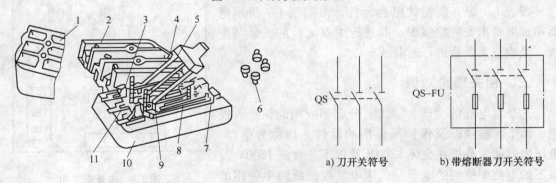

图 1-11　开启式负荷开关结构图　　　　　　图 1-12　刀开关的符号

1—上胶盖　2—下胶盖　3—插座　4—触刀　5—操作手柄
6—紧固螺母　7—出线座　8—熔丝　9—触刀座
10—绝缘底板　11—进线座

刀开关的主要类型有：带灭弧装置的大容量开启式刀开关、熔断器式刀开关、带熔断器的开启式负荷开关、带灭弧装置和熔断器的封闭式负荷开关等。熔断器式刀开关由刀开关和熔断器组合而成，故兼有电源隔离和电路保护功能；封闭式负荷开关除带有灭弧装置和熔断器外，还有弹簧储能机构可快速分断和接通，可用于手动不频繁地接通和分断负载电路，并对电路有过载和短路保护作用。

刀开关的主要产品有：HD11 ～ HD14、HS11 ～ HS13 单双投开启式刀开关，HD17、HD18 等系列刀形隔离器和 HD13D 系列电动式大电流刀开关，HG1、HH15、HR3、HR5、

HR6、HR17 等系列熔断器式刀开关，HK1、HK2 系列开启式负荷开关，HH3、HH4 系列封闭式负荷开关。HK1 系列刀开关的型号与规格见表 1-4。

表 1-4　HK1 系列刀开关的型号与规格

型号	极数	额定电流/A	额定电压/V	可控制电动机功率/kW
HK1-15	2、3	15	直流 220 交流 380	1.5、2.2
HK1-30	2、3	25		3.0、4.0
HK1-60	2、3	60		4.5、5.5

2. 按钮

按钮是短时间接通或断开小电流电路的电器，其主要用途是接通或切断接触器、继电器或电气互锁电路，再由它们去控制主电路，实现各种运动的控制。机床常用的复合按钮有一组常开和一组常闭的桥式双断点触头，安装在一个塑料基座上。按下复合按钮时，桥式动触头先和上面的静触头分离，然后和下面的静触头接触，手松开后，依靠弹簧自动返回原位。

部分按钮外形如图 1-13 所示，按钮的结构与符号如图 1-14 所示。

LA18 系列　　LA19 系列　　LA10 系列　　LAY3 系列

图 1-13　部分按钮的外形图

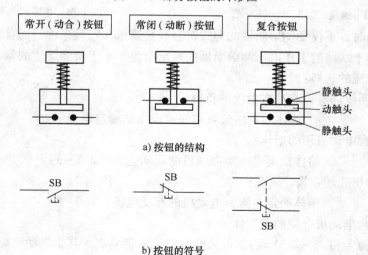

a) 按钮的结构

b) 按钮的符号

图 1-14　按钮的结构与符号

选用按钮时，可根据所需要的触头数、使用场合及颜色标注来选择。通常，按钮的交流额定电压为 500V，触头允许持续电流为 5A。常用按钮的主要技术数据见表 1-5。

/// 电气控制与PLC（三菱 FX 机型）

表 1-5 常用按钮的主要技术数据

型号	额定电流/A	额定电压/V	结构形式	触头对数		按钮数
				常开	常闭	
LA10-2K			开启式	2	2	2
LA10-2H			保护式	2	2	2
LA10-3K	5	500	开启式	3	3	3
LA10-3H			保护式	3	3	3
LA10-3S			防水式	3	3	3
LA10-2F			防腐式	2	2	2

3. 熔断器

熔断器应串联在被保护电路中，当电路短路时，由于电流急剧增大，使熔体过热而瞬间熔断，以保护线路和线路上的设备，所以它主要用做短路保护。

熔断器一般由熔体（俗称保险丝）、熔管及熔座三部分组成。RL1 螺旋式熔断器的外形如图 1-15 所示，熔断器的符号如图 1-16 所示。RL 系列螺旋式熔断器多用于电动机控制电路中。

a) 熔断器 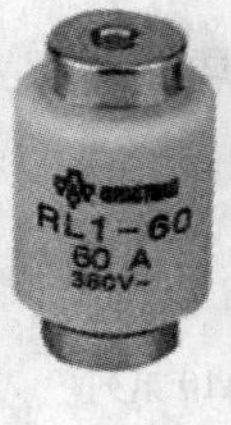   b) 熔体

FU

图 1-15 RL1 螺旋式熔断器的外形图   图 1-16 熔断器的符号

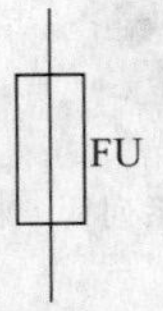

选择熔断器时，不仅要使熔断器的形式符合线路要求和安装条件，而且必须满足熔断器的额定电压不小于线路的工作电压和熔断器的额定电流不小于所装熔体的额定电流。

熔体额定电流的选择：

1）对于照明线路等没有冲击电流的负载：

$$熔体额定电流 \geqslant 被保护设备的额定电流$$

2）对于一台电动机用的熔体：

$$熔体额定电流 \geqslant 电动机的起动电流/(2.5 \sim 3)$$

如果该电动机起动频繁，则为：

$$熔体额定电流 \geqslant 电动机的起动电流/(1.6 \sim 2)$$

3）对于多台电动机合用的总熔体：

$$熔体额定电流 = (1.5 \sim 2.5) \times 容量最大的电动机额定电流 + 其余电动机额定电流之和$$

常用螺旋式熔断器的型号和规格见表 1-6。

4. 接触器

接触器按主触头通过电流的种类不同，可分为交流接触器和直流接触器，它们的结构基本相同，主要由电磁系统、触头系统与灭弧装置三部分组成。接触器的结构示意图如图 1-17 所示。

表1-6 常用螺旋式熔断器的型号和规格

型号	额定电压/V	额定电流/A	熔体额定电流/A
RL1-15	500	15	2、4、5、6、10、15
RL1-60	60		20、25、30、35、40、50、60
RL1-100	500	100	60、80、100
RL1-200		200	100、125、150、200

接触器是一种自动的电磁式电器，它利用电磁力作用下的吸合和反向弹簧力作用下的释放，使触头闭合和分断，从而接通和断开电路。它还能实现远距离操作和自动控制，且具有零电压和欠电压释放的功能，是用于频繁地接通或分断带有负载的主电路（如电动机）的自动控制电器。

部分交流接触器的实物外形图如图1-18所示，交流接触器通电前后的结构示意图如图1-19所示，交流接触器的符号如图1-20所示。

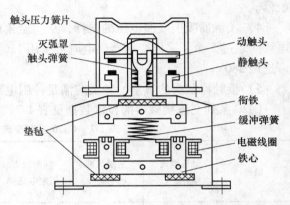

图1-17 接触器的结构示意图

a) CJT1 系列

b) CJT2 系列

c) CJ20 系列

d) NC5 系列

图1-18 部分交流接触器的实物外形图

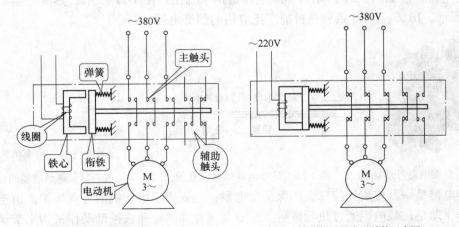

a) 交流接触器通电前结构示意图　　b) 交流接触器通电后结构示意图

图1-19 交流接触器通电前后的结构示意图

接触器的选择：

1）控制交流负载时应选择交流接触器，控制直流负载时应选择直流接触器。

2）主触头的额定工作电压应大于或等于负载电路的电压。

图 1-20 交流接触器的符号

3）主触头的额定工作电流应大于或等于负载电路的电流。如使用在频繁起动、制动和频繁可逆的场合，可选用大一个等级的交流接触器。

4）接触器吸引线圈电压的选择，从安全角度考虑，可选得低一些。若控制电路中的受电线圈超过 5 个，采用变压器供电时可采用 110V；但当控制电路较简单时，为节省变压器，可选用 380V。

5）接触器触头的数量、种类应满足控制电路的要求。

CJ20 系列交流接触器的技术数据见表 1-7。

表 1-7 CJ20 系列交流接触器的技术数据

型号	触头额定电压/V	主触头额定电流/A	辅助触头额定电流/A	可控电动机功率/kW		吸引线圈电压/V	额定操作频率/(次/h)
				220V	380V		
CJ20-10		10		2.2	4		
CJ20-20		20		5.5	10	交流 36、	
CJ20-40	500	40	5	11	20	110、127、	600
CJ20-60		60		17	30	220、380，直流 110、220	
CJ20-100		100		29	50		

5. 热继电器

热继电器是由热元件、触头系统、动作机构、复位按钮和整定电流装置组成。

热继电器外形如图 1-21 所示，热继电器结构示意图如图 1-22 所示，热继电器的符号如图 1-23 所示。JR16、JR20 系列是目前广泛应用的热继电器。

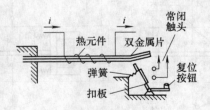

图 1-21 热继电器外形图　　图 1-22 热继电器结构示意图　　图 1-23 热继电器的符号

热继电器是一种应用比较广泛的保护继电器，主要用于电动机的过载保护。由于热继电器的工作原理是过载电流通过热元件后，使双金属片加热弯曲去推动动作机构来带动触头动作，从而将电动机控制电路断开，实现电动机断电停转，起到过载保护的作用。鉴于双金属片受热弯曲过程中，热量的传递需要较长的时间，因此，热继电器不能用做短路保护，而只能用做过载保护。

　　热继电器的额定电流是指热元件的最大整定电流值。热继电器的整定电流是指热元件能够长期通过而不致引起热继电器动作的最大电流值。选用热继电器时，一般只要选择热继电器的整定电流等于或略大于电动机的额定电流即可。在结构形式上，一般都选用三相结构；对于三角形联结的电动机，可选用带断相保护装置的热继电器。但对于短时工作制的电动机，可不用热继电器来进行过载保护。常用热继电器的技术数据见表1-8。

表1-8　常用热继电器的技术数据

型号	额定电流/A	热元件等级		主要用途
		额定电流/A	整定电流范围/A	
JR16-20/3 JR16-20/3D	20	0.35	0.25～0.35	供交流500V以下的电气回路中作为电动机的过载保护之用 D表示带有断相保护装置
		0.5	0.32～0.50	
		0.72	0.45～0.72	
		1.1	0.68～1.1	
		1.6	1.0～1.6	
		2.4	1.5～2.4	
		3.5	2.2～3.5	
		5	3.2～5	
		7.2	4.5～7.2	
		11	6.8～11	
		16	10～16	
		22	14～22	
JR16-40/3D	40	0.64	0.4～0.64	
		1	0.64～1	
		1.6	1～1.6	
		2.5	1.6～2.5	
		4	2.5～4	
		6.4	4～6.4	
		10	6.4～10	
		16	10～16	
		25	16～25	
		40	25～40	

四、拓展知识

（一）电动机的点动控制电路

　　在实际应用中，有的生产机械在调整工件时需采用点动控制。图1-24所示为具有点动控制的几种典型电路，主电路同图1-1所示。

　　图1-24a所示是最基本的点动控制电路。当按下点动按钮SB时→接触器KM线圈通电→KM主触头闭合→电动机M通电起动运行。当松开按钮SB时→接触器KM线圈断电→KM主触头断开→电动机M断电停转。

　　图1-24b所示是带转换开关SA的长动-点动控制电路。当需要点动时，将SA打开→自

锁回路断开→按下 SB2 实现点动；若需长期运行，合上开关 SA，将自锁触头接入，实现连续运转控制。

图 1-24c 所示是利用复合按钮实现的长动-点动控制电路。当按下 SB2 时实现连续运转；当按下 SB3 时→常闭触头先断开→自锁回路断开→实现点动控制。

图 1-24d 所示是利用中间继电器实现的长动-点动控制电路。当按下 SB2 时→继电器 KA 线圈得电→常闭触头断开自锁回路；同时常开触头闭合→接触器 KM 线圈得电→电动机 M 得电起动运转，松开 SB2→KA 线圈断电→常开触头分断→接触器 KM 线圈断电→电动机 M 断电停机，实现点动控制。当按下 SB3 时→接触器 KM 线圈得电并自锁→KM 主触头闭合→电动机 M 得电连续运转。需要停机时，按下 SB1 即可。

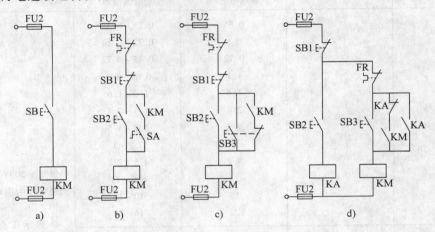

a)　　　　b)　　　　c)　　　　d)

图 1-24　具有点动控制的几种典型电路

（二）三相异步电动机双重互锁的正反转控制电路

生产机械往往要求运动部件可以实现正反两个方向的运动，这就要求电动机正、反向旋转。由电动机原理可知，改变电动机三相电源的相序就能改变电动机的转向。

图 1-25 所示为三相异步电动机双重互锁的正反转控制电路。该电路中采用复合按钮来控制电动机的正反转，它是将正、反转起动按钮的常闭触头串接在对方接触器线圈电路中，

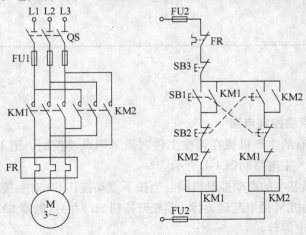

图 1-25　三相异步电动机双重互锁的正反转控制电路

由复合按钮 SB1、SB2 实现的互锁称为机械互锁，与利用接触器常闭辅助触头共同构成双重互锁。

当要求电动机由正转变为反转时，直接按下反转起动按钮 SB2，这时 SB2 的常闭触头先断开，接触器 KM1 线圈断电，然后其常开触头闭合，反转接触器 KM2 线圈吸合，KM2 主触头及自锁触头闭合，电动机开始反转运行。这种电路可以实现不按停止按钮，由正转直接变为反转，或由反转直接变为正转，停止时按下停止按钮 SB3 即可。

（三）具有自动往返的正反转控制电路

机械设备中如机床的工作台、高炉的加料设备等均需自动往返运行，自动往返的可逆运行通常是利用行程开关来检测往返运动的相对位置，进而控制电动机的正反转来实现生产机械的往复运动。

行程开关又称位置开关或限位开关，它的作用与按钮相同，只是其触头的动作不是靠手动操作，而是利用生产机械某些运动部件上的挡铁碰撞其滚轮使触头动作来实现接通或分断电路。

行程开关的结构分为三个部分：操作机构、触头系统和外壳。行程开关的外形结构如图1-26 所示。行程开关分为单滚轮、双滚轮及径向传动杆等形式。其中，单滚轮和径向传动杆行程开关可自动复位，双滚轮行程开关为碰撞复位。

常用的行程开关有 LX19 系列、LX22 系列、JLXK1 系列和 JLXW5 系列。其额定电压为交流 500 V、380 V，直流 440 V、220 V，额定电流为 20 A、5 A 和 3 A。

在选用行程开关时，主要根据机械位置对开关形式的要求，控制电路对触头数量和触头性质的要求，闭合类型（限位保护或行程控制）和可靠性以及电压、电流等级确定其型号。行程开关的符号如图 1-27 所示。

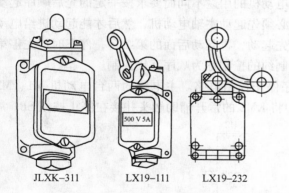

JLXK-311   LX19-111   LX19-232

图 1-26 行程开关的外形结构

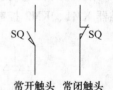

常开触头 常闭触头

图 1-27 行程开关的符号

图 1-28 所示为机床工作台往复运动的示意图。行程开关 SQ1、SQ2 分别固定安装在床身，控制加工终点与原位。撞块 A、B 固定在工作台上，随着运动部件的移动分别压下行程开关 SQ1、SQ2，实现往返运动。

图 1-29 所示为工作台自动往复的控制电路。图中，SQ1 为反向转正向行程开关，SQ2 为正向转反向行程开关，SQ3、SQ4 为正、反向极限保护用行程开关。合上电源开关 QS，按下正向起动按钮 SB1，KM1 通电并自锁，电动机正向旋转，拖动运动部件前进。当前进加工到位，撞块 B 压下 SQ2，其常闭触头断开，KM1 断电，电动机停转。但 SQ2 常开触头闭合，

又使 KM2 通电，电动机反向起动运转，拖动运动部件后退。当后退到位时，撞块 A 压下 SQ1，使 KM2 断电，KM1 通电，电动机由反转变为正转，拖动运动部件变后退为前进，如此周而复始地自动往复工作。按下停止按钮 SB3 时，电动机停止，运动部件停下。若换向因行程开关 SQ1、SQ2 失灵，则由极限保护用行程开关 SQ3、SQ4 实现保护，避免运动部件因超出极限位置而发生事故。

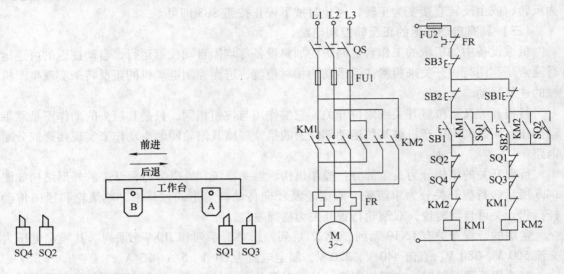

图 1-28　机床工作台往复运动示意图　　　　图 1-29　工作台自动往复控制电路

（四）三相异步电动机的顺序起动逆序停止控制电路

对于具有多台电动机的设备，常因各台电动机的用途不同而要求按一定的先后顺序起动或按一定的顺序停止。例如，铣床起动时，必须先起动主轴电动机，然后才能起动进给电动机。再如带式运输机，前面的第一台运输机先起动，再起动后面的第二台，停车时应先停第二台，再停第一台。这种互相联系而又互相制约的控制称为顺序互锁控制。

图 1-30 所示为两台电动机顺序起动逆序停止控制电路。主电路的两台电动机 M1、M2 分别由接触器 KM1、KM2 控制；控制电路中将 KM2 的常开辅助触头并接在停止按钮 SB1 常

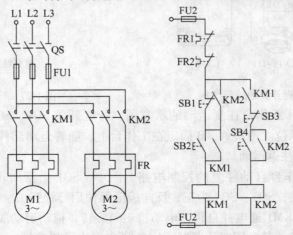

图 1-30　两台电动机顺序起动逆序停止控制电路

闭触头两端。这样，即使先按下 SB1，由于 KM2 线圈仍通电，电动机 M1 不会停转，只有先按下 SB3，电动机 M2 先停后，再按下 SB1 才能使 M1 停转。实现起动时先起动 M1 才可起动 M2，停车时先停 M2 后才可停 M1 的顺序起动逆序停止控制。

模块 2　三相异步电动机的减压起动控制

一、工作任务

用常用的低压电器实现对三相笼型异步电动机、三相绕线转子异步电动机的减压起动控制，分析其控制电路的工作原理，完成硬件电路装接与通电试车，并能根据故障现象进行分析和排除故障。

二、相关实践知识

三相笼型异步电动机的起动有两种方式，即直接起动和减压起动。直接起动是一种简单、可靠、经济的起动方法，但直接起动时，电动机起动电流 I_{st} 为额定电流 I_N 的 5 ~ 7 倍。过大的起动电流一方面会造成电网电压显著下降，直接影响在同一电网工作的其他电动机及用电设备正常运行；另一方面电动机频繁起动会严重发热，加速线圈老化，缩短电动机的寿命，所以直接起动电动机的容量受到一定的限制。

对于大、中容量的三相异步电动机，为限制起动电流，减小起动时对负载电压的影响，应采用减压起动方式。所谓**减压起动**，是指起动时降低加在电动机定子绕组上的电压，待电动机起动后再将电压恢复到额定值，使之运行在额定电压下。由于电动机的电磁转矩与电压二次方成正比，所以减压起动时电动机的起动转矩相应减小，故减压起动适于空载或轻载下起动。

笼型异步电动机常用的减压起动方法有三种：定子绕组串电阻减压起动、星形-三角形（Y-△）减压起动、延边三角形减压起动。

（一）定子绕组串电阻减压起动控制电路设计
三相异步电动机的定子绕组串电阻减压起动的控制要求如下：

1）按下起动按钮，电动机定子绕组接入电阻减压起动。

2）3 ~ 5s 后，短接电阻，电动机自动转换成全压运转。

3）按下停止按钮，电动机断电停转。

4）具有短路、过载、欠电压及零电压保护。

根据控制要求，设计的三相异步电动机的定子绕组串电阻减压起动电气原理图如图 1-31 所示。图中，KM1 为定子绕组串入电阻减压起动接触器，KM2 为短接电阻全压运转接触器，KT 为减压起动转换成全压运转的时间继电器，SB1、SB2 为起动按钮与停止按钮，FU1、FU2 为短路保护用熔断器，FR 为过载保护用热继电器，接触器具有欠电压和零电压保护等功能。

工作原理如下：

电动机起动时，合上 QS，按下起动按钮 SB1，接触器 KM1 与时间继电器 KT 的线圈同时通电，接触器 KM1 的主触头闭合，而时间继电器 KT 具有延时特性，其常开触头延时闭合，因此接触器 KM2 线圈不能得电。这时主电路串联减压电阻（起动电阻）R，利用电阻降

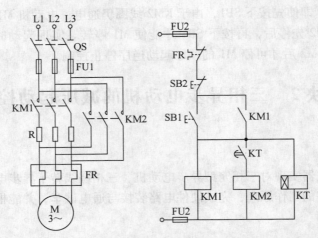

图 1-31　定子绕组串电阻减压起动电气原理图

低加在电动机定子绕组上的电压，限制了起动电流，电动机进行减压起动。当电动机转速接近额定转速时，时间继电器 KT 通电延时闭合触头闭合，KM2 线圈得电，KM2 主触头闭合，将 R 短接，电动机在额定电压下进入稳定正常运转。

定子绕组串电阻减压起动的缺点是能量损耗较大，为了节能可采用电抗器代替电阻，但其价格较贵，成本较高。

(二)　三相异步电动机的星形-三角形(丫-△)减压起动控制电路设计与安装

三相异步电动机的星形-三角形减压起动的控制要求如下：

1) 按下起动按钮，电动机接成星形减压起动。

2) 3~5s 后，电动机自动换接成三角形全压运转。

3) 按下停止按钮，电动机断电停转。

4) 具有短路、过载、欠电压及零电压保护。

1. 设计电气原理图与电器布置图

根据控制要求，设计的三相异步电动机的星形(丫)-三角形(△)减压起动电气原理图如图 1-32 所示，适用于 125kW 及以下的三相笼型异步电动机作丫-△减压起动和停止的控制。

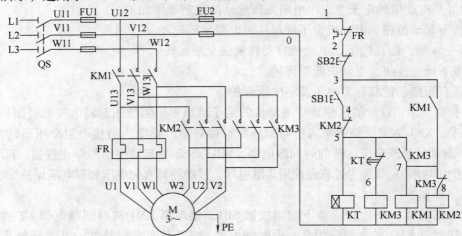

图 1-32　三相异步电动机星形-三角形减压起动的电气原理图

图中，KM1 为电源引入接触器；KM2 为△联结接触器；KM3 为丫联结接触器；KT 为丫联结自动换接为△联结的时间继电器；SB1、SB2 为起动与停止按钮；FU1、FU2 为短路保护用熔断器；FR 为过载保护用热继电器；接触器具有欠电压及零电压保护等功能。

对于正常运行状态下定子绕组接成三角形联结且容量较大的三相笼型异步电动机，可采用丫-△减压起动控制。电动机起动时，定子绕组接成星形(丫)，每相绕组电压降为电源电压额定值的 $1/\sqrt{3}$，起动电流降为全压起动时电流值的 $1/3$，起动转矩也只有△联结的 $1/3$。待电动机转速上升到接近额定转速时，将定子绕组换接成△联结，电动机进入全压下的正常运转状态。

工作原理如下：

合上电源开关 QS，接通电源，按下起动按钮 SB1，接触器 KM1、KM3 线圈和时间继电器 KT 线圈同时通电，电动机三相定子绕组接成丫联结，接入三相交流电源进行减压起动，当电动机转速接近额定转速时，通电延时型时间继电器 KT 到达设定的延时时间后，其延时断开的常闭触头断开，使 KM3 线圈断电释放，KM3 常闭辅助触头恢复闭合，使接触器 KM2 线圈通电吸合，定子绕组改接成△联结，电动机进入全压运行。KM2 线圈通电后，其常闭辅助触头断开，使 KT 线圈断电，因此避免了 KT 长期工作。

控制电路中，KM2 和 KM3 的常闭辅助触头作为电动机丫联结和△联结的互锁触头，确保 KM2 和 KM3 不会同时通电，否则会造成电源短路。

2. 安装与调试

按表 1-9 配齐所需的电器元件，根据图 1-33 所示电器布置图画出安装接线图，并进行电器元件的安装与配线。经检查无误后进行通电试车。

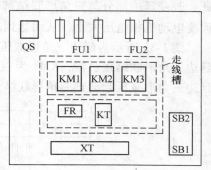

图 1-33 电器布置图

表 1-9 电器元件明细表

名称	代号	型号	规格	数量
三相异步电动机	M	Y-132M-4	7.5kW、380V、15.4A、△联结、1440r/min	1
刀开关	QS	HK1-60	三极、额定电流为 60A	1
按钮	SB1～SB2	LA4-3H	保护式、按钮数为 3(代用)	1
熔断器	FU1	RL1-60/35	500V、60A(配熔体额定电流为 35A)	3
熔断器	FU2	RL1-15/2	500V、15A(配熔体额定电流为 2A)	2
接触器	KM1～KM3	CJ20-20	20A、线圈电压为 380V	3
热继电器	FR	JR16-20/3D	三极、20A、整定电流为 15.4A	1
端子板	XT	JD0-1020	10A、20 节	1
走线槽			18mm×25mm	若干

（三）延边三角形减压起动控制电路设计

延边三角形减压起动是指电动机起动时，把定子绕组的一部分接成△联结，另一部分接成丫联结。使整个绕组接成延边三角形，待电动机起动后，再把定子绕组改接成三角形全压运行。

笼型异步电动机采用丫-△减压起动，可在不增加专用起动设备的情况下实现减压起动，但其起动转矩只为额定电压下起动转矩的 1/3，仅适用于轻载或空载起动的场合。

延边三角形减压起动是一种既不增加专用起动设备，又可提高起动转矩的减压起动方法，如图 1-34 所示。该方法适用于定子绕组特别设计的电动机，该电动机拥有九个端头。每相绕组有三个出线即 U（U1、U2、U3）、V（V1、V2、V3，）、W（W1、W2、W3），其中 U3、V3、W3 为绕组的中间抽头。当电动机定子绕组作延边三角形联结时，每相绕组承受的电压比三角形联结时低，此时定子绕组相电压大小取决于定子绕组延边部分与内三角部分绕组的匝数比。

若延边部分的匝数 N_1 与三角形内匝数 N_2 之比为 1：1，则当线电压为 380V 时，每相绕组相电压为 264V，若 N_1：$N_2 = 1$：2 时，则相电压为 290V。因此，改变延边部分与三角形联结部分的匝数比就可以改变电动机相电压大小，从而达到改变起动电流的目的。

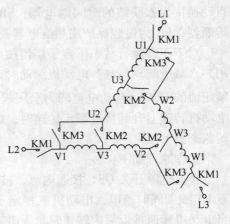

图 1-34　延边三角形减压起动
电动机定子绕组的联结方式

图 1-35 所示为延边三角形减压起动控制电路。图中 KM1 为引入电源的接触器，KM2 为延边三角形联结接触器，KM3 为三角形联结接触器。按时间原则通过时间继电器 KT 实现由延边三角形减压起动到三角形联结全压运行的自动切换。

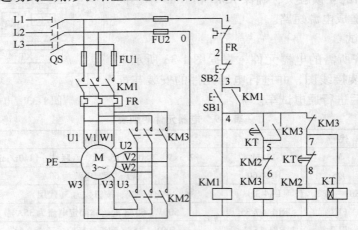

图 1-35　延边三角形减压起动控制电路

工作原理如下：

起动控制：合上电源开关 QS，按下起动按钮 SB1，KM1 线圈得电，KM1 常开辅助触头闭合并自锁，主触头闭合。KM2 线圈得电，KM2 主触头闭合，KM2 常闭触头断开，切断 KM3 线圈回路使其无法得电，即互锁。电动机延边三角形减压起动，与此同时，KT 线圈得电，KT 常闭触头延时断开，KM2 线圈断电，KT 常开触头延时闭合，使 KM3 线圈得电，KM3 常开辅助触头闭合并自锁，KM3 常闭辅助触头断开，使 KT 线圈断电。KM3 主触头闭合。电动机 M 在三角形联结下正常运行。

由上可知，三相笼型异步电动机采用延边三角形减压起动时，其起动转矩比丫-△减压起动时大，且可在一定范围内调节。但要求电动机绕组有九个出线头，且接线较麻烦，从而限制了该方法的使用。常用的延边三角形起动器有 XJ1 系列低压起动控制箱，可用做延边三角形减压起动，也可用做丫-△减压起动，适用于 11~132kW 电动机的减压起动控制。

三、相关理论知识

时间继电器是一种根据电磁原理或机械动作原理来实现触头系统延时接通或断开的自动切换电器。其种类很多，按其动作原理可分为电磁式、空气阻尼式、电动式与晶体管式时间继电器。常见时间继电器的外形如图 1-36 所示。

a) JS7-A系列　　　　　　b) JS14A-M系列　　　　　c) JS20D系列

图 1-36　常见时间继电器的外形图

时间继电器按延时方式可分为通电延时型与断电延时型两种。

通电延时型时间继电器：当线圈通电时，其延时常开触头要延时一定时间后才闭合，延时常闭触头要延时一段时间才断开；当线圈断电时，延时触头瞬时复位。

断电延时型时间继电器：当线圈通电时，延时触头瞬时闭合或断开；当线圈断电时，其延时常开触头要延时一定时间后才恢复断开，延时常闭触头要延时一段时间才恢复闭合。

图 1-37 所示为 JS11J 系列数显式时间继电器的接线图，1、2 之间接交流 220V 电源。该时间继电器是通电延时型，其中延时常开触头有两对（6 和 7、9 和 10），延时常闭触头有两对（7 和 8、10 和 11）、瞬动触头有两对（3 和 4、4 和 5）。

时间继电器的符号如图 1-38 所示。

时间继电器的选用：

1）根据系统的延时范围选用适当的系列和类型。

2）根据控制电路的功能特点选用相应的延时方式。

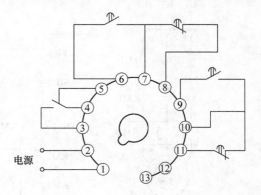

图 1-37　JS11J 系列数显式时间继电器的接线图

3）根据控制电压选择吸引线圈的电压等级。

4）根据使用场合、工作环境选择时间继电器类型。在延时精度要求不高的场合，可选用空气阻尼式时间继电器；在要求延时精度高、延时范围较大的场合，可选用晶体管式时间继电器。

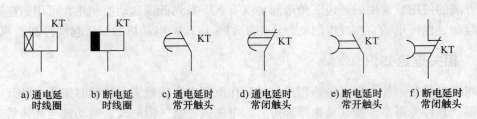

图 1-38　时间继电器的符号

四、拓展知识

三相绕线转子异步电动机的起动控制电路。

三相绕线转子异步电动机转子绕组可通过铜环和电刷与外电路电阻相接，以减小起动电流，提高转子电路功率因数和起动转矩，适用于重载起动的场合（例如卷扬机、起重机等设备中）。

按绕线转子异步电动机转子在起动过程串接装置不同，起动方式可分为串电阻起动和串频敏变阻器起动。

1. 转子绕组串电阻起动控制电路

串接在三相转子绕组中的起动电阻，一般都连成星形。起动时，将全部起动电阻接入，随着起动的进行，电动机转速的提高，转子起动电阻依次被短接，在起动结束时，转子电阻全部被短接。

图 1-39 所示为转子串三级电阻按时间原则控制的起动电路。图中 KM1 为引入电源接触器，KM2、KM3、KM4 为短接起动电阻接触器，KT1、KT2、KT3 为短接电阻时间继电器。工作原理如下：

合上电源开关 QS，接通电源。按下起动按钮 SB1，接触器 KM1 线圈通电并自锁，电动

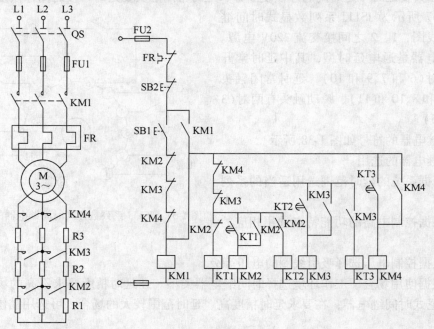

图 1-39　转子串三级电阻按时间原则控制的起动电路

机在转子串入全部电阻的情况下起动。KM1 线圈通电后，时间继电器 KT1 线圈经 KM1 自锁触头通电吸合，经过一段延时后，KT1 延时闭合的常开触头闭合，使接触器 KM2 线圈通电并自锁，KM2 主触头闭合，切除起动电阻 R1；KM2 常闭辅助触头断开，时间继电器 KT1 线圈断电；KM2 常开辅助触头闭合，时间继电器 KT2 线圈通电吸合，经过一段延时后，KT2 延时闭合的常开触头闭合，使接触器 KM3 线圈通电并自锁。KM3 主触头闭合，切除起动电阻 R2；KM3 的常闭辅助触头断开，使 KM2、KT2、KT1 线圈电路断开；KM3 的常开辅助触头闭合，时间继电器 KT3 线圈通电吸合，经过一段延时后，KT3 延时闭合的常开触头闭合，使接触器 KM4 线圈通电并自锁。KM4 主触头闭合，切除全部起动电阻；KM4 常闭辅助触头断开，使 KT1、KM2、KT2、KM3、KT3 线圈电路断开。

2. 转子串频敏变阻器起动控制电路

频敏变阻器的结构特点：它是一个三相铁心线圈，其铁心不是用硅钢片而是用厚钢板叠成。当频敏变阻器线圈通过交流电时，铁心中将产生涡流损耗和一部分磁滞损耗。铁心损耗相当于一个等效电阻，其线圈本身又是一个电抗，故电阻和电抗都随频率变化而变化，故称频敏变阻器，它与绕线转子异步电动机的转子绕组连接。三相绕线转子异步电动机串频敏变阻器起动电路图如图 1-40 所示。其工作原理如下：

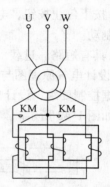

图 1-40　三相绕线转子异步电动机串频敏变阻器起动电路图

起动时，将频敏变阻器串接在转子绕组中，由于此时频敏变阻器的铁心损耗大，等效阻抗大，既限制了起动电流，增大了起动转矩，又提高了转子回路的功率因数。

由于频敏变阻器的等效阻抗随转子电流频率减小而减小，从而达到自动变阻的目的，即相当于逐渐切除转子电路所串的电阻。起动结束时，此时频敏变阻器基本不起作用，接触器 KM 主触头闭合短接频敏变阻器。

转子串频敏变阻器起动结构简单，运行可靠，但与转子串电阻起动相比，在同样起动电流下，起动转矩要小些。

模块 3　三相异步电动机的制动控制

一、工作任务

用常用的低压电器实现对三相异步电动机制动控制，分析其控制电路的工作原理，完成硬件制作与通电试车，并能根据故障现象进行分析和排除故障。

二、相关实践知识

三相异步电动机定子绕组脱离电源后，由于系统惯性作用，转子需经一段时间才能停止转动，这往往不能满足某些生产机械的工艺要求，也影响生产效率的提高，并造成运动部件停位不准，工作不安全。因此，应对电动机采取有效的制动措施。

所谓制动，就是使电动机脱离正常工作电源后迅速停转。电动机的制动方法一般有机械制动和电气制动两种。机械制动是利用机械装置使电动机迅速停转。电气制动是在电动机上产生一个与原转子转动方向相反的制动转矩，迫使电动机迅速停转。电气制动方法有能耗制动、反接制动和回馈制动等。

（一）三相异步电动机的能耗制动控制电路设计与安装

能耗制动是在三相异步电动机脱离三相交流电源后，迅速给定子绕组通入直流电流，产生恒定磁场，利用转子感应电流与恒定磁场的相互作用达到制动的目的。

能耗制动的优点是制动准确、平稳、能量消耗小，缺点是需要一套整流设备，故适用于要求制动平稳、准确和起动频繁的容量较大的电动机。

三相异步电动机能耗制动的控制要求如下：

1）电动机双重互锁正反转起动控制。

2）按下停止按钮，电动机均能在切断交流电源后，立即在定子绕组中通入直流电，实现能耗制动。

3）具有短路、过载、欠电压及零电压保护。

1. 设计电气原理图与电器布置图

根据控制要求，设计出三相异步电动机能耗制动控制电气原理图如图 1-41 所示，电器布置图如图 1-42 所示。

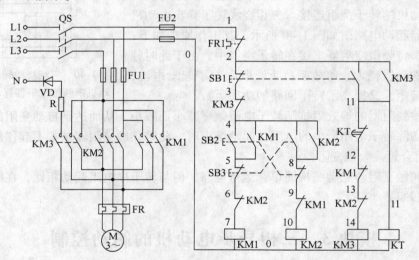

图 1-41　三相异步电动机能耗制动控制电气原理图

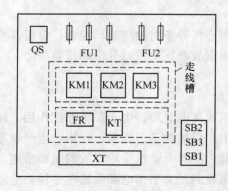

图 1-42　电器布置图

2. 根据电动机规格选择电器元件

各电器元件应根据电动机规格进行选择。电动机规格以 4kW、380V 为例，选择的电器元件明细表见表 1-10。

表 1-10 元件明细表

名称	代号	型号	规格	数量
三相异步电动机	M	Y-112M-4	4kW、380V、8.8A、△联结、1440r/min	1
刀开关	QS	HK1-60	三极、额定电流为 60A	1
按钮	SB1～SB3	LA4-3H	保护式、按钮数 3（代用）	1
熔断器	FU1	RL1-60/25	500V、60A（配熔体额定电流为 25A）	3
熔断器	FU2	RL1-15/2	500V、15A（配熔体额定电流为 2A）	2
接触器	KM1～KM3	CJ20-20	20A、线圈电压为 380V	3
时间继电器	KT	JS7-2A	线圈电压为 380V 整定时间为 2s±1s	1
热继电器	FR	JR16-20/3	三极、20A、整定电流为 8.8A	1
整流二极管	VD	2CZ30	30A、600V	1
制动电阻	R		0.5Ω、50W	1
端子板	XT	JD0-1020	10A、20 节	1
主电路导线	BVR-1.5		1.5mm²	若干
控制电路导线	BVR-1.0		1.0mm²	若干
走线槽			18mm×25mm	若干

3. 安装与调试

按表 1-10 配齐所需的电器元件，根据图 1-42 所示电器布置图画出安装接线图，并进行电器元件的安装与配线。经检查无误后进行通电试车。按下 SB2 电动机 M 正转，按下 SB1 电动机通入直流电能耗制动，经过设定时间后，时间继电器常闭触头延时断开，电动机断电制动结束。按下 SB3 电动机反转，停车时按下 SB1 时的能耗制动与正转相似。

（二）三相异步电动机的反接制动控制电路设计与安装

反接制动是停车时利用改变电动机定子绕组中三相电源的相序，产生与原转动方向相反转矩而起制动作用的。为防止电动机制动时反转，必须在电动机转速接近零时，及时将反接电源切除，电动机才能真正停下来。机床中广泛应用速度继电器来实现电动机反接制动的控制。

反接接制动的优点是设备简单，调整方便，制动迅速，价格低；其缺点是制动冲击大，制动能量损耗大，不宜频繁制动，且制动准确度不高，故适用于要求制动迅速、系统惯性较大、制动不频繁的场合。

三相异步电动机反接制动的控制要求如下：

1）电动机单方向起动控制。

2）按下停止按钮，电动机采用反接制动。

3）具有短路、过载、欠电压及零电压保护。

1. 设计电气原理图

根据控制要求，设计出三相异步电动机单方向起动反接制动控制的电气原理图如图1-43
所示。

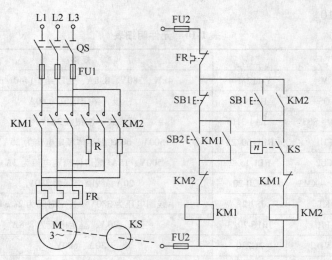

图 1-43　三相异步电动机单方向起动反接制动控制的电气原理图

电动机转动时，速度继电器 KS 的常开触头闭合，为反接制动时接触器 KM2 线圈通电做
好准备。停车时，按下复合按钮 SB1，KM1 线圈断电释放，电动机脱离三相电源做惯性转
动。同时接触器 KM2 线圈通电吸合并自锁，使电动机定子绕组中三相电源的相序改变，电
动机进入反接制动状态，转速迅速下降。当电动机转速接近零时，速度继电器 KS 的常开触
头复位，KM2 线圈断电释放，切断了电动机的电源，反接制动结束。

反接制动时，由于旋转磁场的相对速度很大，定子电流也很大，为了减小冲击电流，可
在主回路中串入电阻 R 来限制反接制动的电流。

2. 安装与调试

按图 1-43 配齐所需的电器元件，由学生自行画出电器布置图和安装接线图，并进行电
器元件的安装与配线。经检查无误后进行通电试车。

三、相关理论知识

速度继电器是利用转轴的转速来切换电路的自动电器。它主要用作笼型异步电动机的反
接制动控制中，故又称为反接制动继电器。

图 1-44 所示为速度继电器的原理示意图。它主要由转子、定子和触头三部分组成。

转子是一个圆柱形永久磁铁，定子是一个笼型空心圆环，由硅钢片叠成，并装有笼型绕
组。速度继电器与电动机同轴相连，当电动机旋转时，速度继电器的转子随之转动。在空间
产生旋转磁场。切割定子绕组，在定子绕组中感应出电流。此电流又在旋转的转子磁场作用
下产生转矩，使定子随转子转动方向而旋转，和定子装在一起的摆锤推动动触头动作，使常
开触头闭合，常闭触头断开。当电动机转速低于某一值时，动作产生的转矩减小，动触头
复位。

常用的速度继电器有 YJI 和 JFZ0-2 型。

速度继电器的符号如图 1-45 所示。

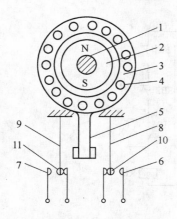

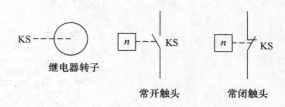

图 1-44　速度继电器的原理示意图　　　　图 1-45　速度继电器的符号

1—转轴　2—转子　3—定子　4—绕组　5—摆锤

6、7—静触头　8、9—簧片　10、11—动触头

电动机与速度继电器转子是同轴连接在一起的，当电动机转速在 120 ~ 3000r/min 内时，速度继电器的触头动作，当转速低于 100r/min 时，其触头恢复原位。

四、拓展知识

（一）机械制动

常用的机械制动装置是电磁抱闸和电磁离合器。这里主要介绍电磁抱闸，电磁抱闸又分断电制动型和通电制动型两种。机械制动动作时，将制动电磁铁的线圈切断或接通电源，通过机械抱闸制动电动机。

1. 电磁抱闸的结构

图 1-46 所示为断电制动型电磁抱闸的结构示意图，电磁抱闸制动装置主要由电磁操作机构和弹簧力机械抱闸机构组成。电磁操作机构由铁心、衔铁和线圈三部分组成，弹簧力机械抱闸机构包括闸轮、闸瓦、杠杆和弹簧等，闸轮与电动机装在同一根转轴上。断电制动型电磁抱闸的性能是：当线圈得电时，闸瓦与闸轮分开，无制动作用；当线圈断电时，闸瓦紧紧抱住闸轮制动。

2. 电磁抱闸断电制动控制电路

图 1-47 所示为电磁抱闸断电制动控制电路原理图。合上电源开关 QS 后，按下起动按钮 SB1，接触器 KM 线圈通电，主触头闭合，电磁铁 YA 线圈

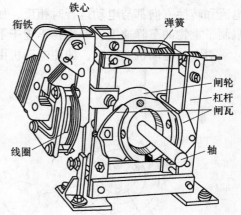

图 1-46　断电制动型电磁抱闸的结构示意图

通电，衔铁吸合，使闸轮与闸瓦分开，电动机 M 起动运转。停车时，按下停止按钮 SB2，接触器 KM 线圈断电，主触头断开，使电动机和电磁铁 YA 线圈同时断电，衔铁与铁心分开，在弹簧力作用下闸瓦紧紧抱住闸轮，电动机迅速停转。

这种制动方法在起重机械上被广泛采用。其优点是能够准确定位，同时可防止电动机突然断电时重物的自行坠落。

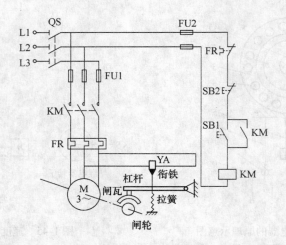

图 1-47　电磁抱闸断电制动控制电路原理图

(二)　回馈制动

回馈制动又称发电制动、再生制动。处于电动运行状态的三相异步电动机，如在外加转矩作用下，使转子转速 n 大于同步转速 n_1，于是电动机转子绕组切割旋转磁场的方向将与电动运行状态时相反，因而转子感应电动势、转子电流、电磁力和电磁转矩方向都与电动状态时相反，即电磁转矩 T 方向与 n 方向相反，起制动作用。这种制动发生在起重机重物高速下放或多速电动机由高速换为低速挡的过程中。

当起重机在高处开始下放重物时，电动机转速 n 小于同步转速 n_1，这时电动机处于电动运行状态，其转子电流和电磁转矩的方向如图 1-48a 所示。但由于重力的作用，在重物的下放过程中，会使电动机的转速 n 大于同步转速 n_1，这时电动机处于回馈制动状态，转子电流和转换方向都与电动运行时相反，如图 1-48b 所示。可见电磁力矩变为制动力矩，从而限制了重物的下降速度，使重物不至于下降得过快，保证了设备和人身安全。

对多速电动机变速时，如使电动机由高速变为低速时，转子由于惯性仍以原来的转速旋

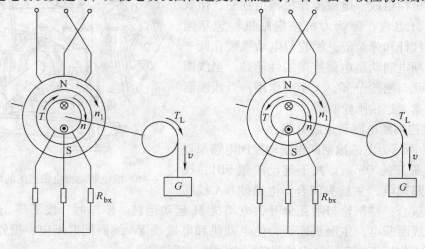

a) 电动状态　　　　　　　　　　　　　b) 回馈制动状态

图 1-48　三相异步电动机回馈制动原理图

转，此时转速 n 大于同步转速 n_1，电动机产生回馈制动。

　　回馈制动是一种比较经济的制动方法。回馈制动不但没有从电源吸取电功率，反而将机械能转换成电能再回馈到电网，节能效果明显。缺点是应用范围较窄，仅当电动机转速大于同步转速时才能实现回馈制动。

模块4　三相异步电动机的双速控制

一、工作任务

　　用常用的低压电器实现对三相异步电动机的双速控制，分析其控制电路的工作原理，完成硬件制作与通电试车，并能根据故障现象进行分析和排除故障。

二、相关实践知识

　　由三相异步电动机的转速公式 $n = (1-s)\dfrac{60f_1}{P}$ 可知，改变异步电动机转速可通过三种方法来实现，一是改变电源频率 f_1；二是改变转差率 s；三是改变磁极对数 P。这里主要介绍通过改变磁极对数 P 来实现电动机调速的基本控制电路。

　　改变异步电动机的磁极对数的调速称为变极调速。它是有级调速，且只适用于笼型异步电动机。凡磁极对数可改变的电动机称为多速电动机，常见的有双速、三速、四速等几种形式。变极调速是通过改变定子绕组的联结方式来实现的。

　　三相异步电动机双速控制的控制要求如下：

　　1）按下起动按钮，电动机三角形联结，低速起动。

　　2）2s后电动机自动接成双星形联结，高速运转。

　　3）按下停止按钮，电动机断电停车。

　　4）具有短路、过载、欠电压及零电压保护。

1. 设计电气原理图与电器布置图

根据控制要求，设计出三相异步电动机双速控制的电气原理图如图1-49所示，电器布

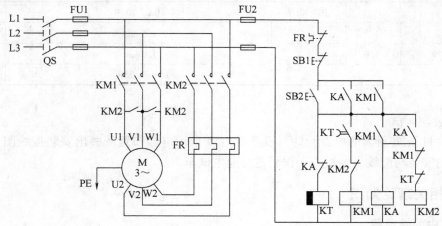

图1-49　三相异步电动机双速控制的电气原理图

置图如图 1-50 所示。

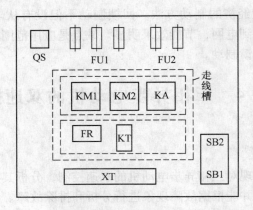

图 1-50 电器布置图

2. 根据电动机规格选择电器元件

各电器元件应根据电动机规格进行选择，电动机规格以 3.3/4kW、380V 为例，选择的电器元件明细表见表 1-11。

表 1-11 元件明细表

名称	代号	型号	规格	数量
三相双速电动机	M	YD-112M-4/2	3.3/4kW、380V、7.4/8.6A、△/丫丫、1450/2890r/min	1
刀开关	QS	HK1-30	三极、额定电流为 25A	1
按钮	SB1 ~ SB2	LA4-2H	保护式、按钮数为 2	1
熔断器	FU1	RL1-60/25	500V、60A(配熔体额定电流为 25A)	3
熔断器	FU2	RL1-15/2	500V、15A(配熔体额定电流为 2A)	2
接触器	KM1 ~ KM2	CJ20-20	20A、线圈电压为 380V	2
时间继电器	KT	JS7-4A	线圈电压为 380V、整定时间为 2s ± 1s	1
热继电器	FR	JR16-20/3	三极、20A、整定电流为 8.6A	1
中间继电器	KA	JZ7-44	线圈电压为 380V、触头电流为 5A	1
端子板	XT	JD0-1020	10A、20 节	1
主电路导线	BVR-1.5		1.5mm²	若干
控制电路导线	BVR-1.0		1.0mm²	若干
走线槽			18mm × 25mm	若干

3. 安装与调试

按表 1-11 配齐所需的电器元件，根据图 1-50 所示电器布置图画出安装接线图，并进行电器元件的安装与配线。经检查无误后进行通电试车。

三、相关理论知识

(一) 中间继电器

中间继电器实质是一种电压继电器，触头对数多，触头容量较大(额定电流为 5 ~

10A)，其作用是将一个输入信号变成多个输出信号或将信号放大（即增大触头容量），起到信号中转的作用。

　　中间继电器体积小，动作灵敏度高，在10A以下电路中可代替接触器起控制作用。

　　中间继电器的符号如图1-51所示。

图1-51　中间继电器的符号

（二）双速异步电动机定子绕组的联结

　　图1-52所示为双速电动机三相定子绕组△/丫丫联结电路图。图中，三相定子绕组接成三角形，由三个连接点接出三个出线端U1、V1、W1，从每相绕组的中点各接出一个出线端U2、V2、W2，这样定子绕组共有六个出线端，通过改变这六个出线端与电源的连接方式，就可以得到两种不同的转速。要使电动机在低速工作时，就将三相电源分别接至定子绕组作三角形联结顶点的出线端U1、V1、W1上，另外三个出线端U2、V2、W2空着不接，如图1-52a所示，此时电动机定子绕组接成△，设磁极为4极，则同步转速为1500r/min；若要使电动机在高速工作时，就把三个出线端U1、V1、W1接在一起，另外三个出线端U2、V2、W2分别接到三相电源上，如图1-52b所示，这时电动机定子绕组接成丫丫，磁极为2极，同步转速为3000r/min。可见双速电动机高速运转时的转速是低速运转转速的两倍。

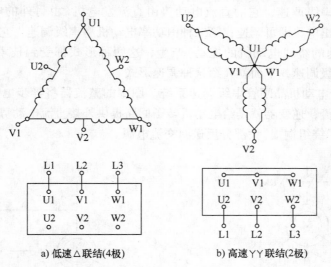

a) 低速△联结(4极)　　　　b) 高速丫丫联结(2极)

图1-52　双速电动机三相定子绕组△/丫丫联结电路图

四、拓展知识

（一）变频调速

　　变频调速是改变异步电动机定子绕组电源频率f_1，从而改变同步转速n_1，实现异步电动机调速。这种调速方法有很大的调速范围、很好的调速平滑性和足够硬度的机械特性，使异步电动机可获得类似于他励直流电动机的调速性能。

　　变频调速常用于笼型异步电动机调速，性能优异，调速范围大，平滑性高，低速特性较硬。利用适当的控制方式，可实现恒转矩、恒功率运行。其缺点是必须有专用的变频电源。但是，随着电力电子技术和微电子技术的发展，变频电源的集成度和模块化水平不断提高，变频交流调速系统将逐步取代直流调速系统。

(二) 改变转差率调速

改变转差率的方法主要有三种:定子降压调速、转子串电阻调速和串级调速。

1. 定子降压调速

在降低电压时,其同步转速 n_1 和临界转差频率 s_m 不变,电磁转矩 $T_{em} \propto U_1^2$。当电动机拖动恒转矩负载时,降低电源电压时可以降低转速。

2. 绕线转子异步电动机转子串电阻调速

转子串电阻调速也是一种改变转差率的调速方法。图 1-53 所示为转子串电阻调速系统原理图,改变串入的电阻值就可以改变电动机的转速。

这种调速方法损耗较大,效率低;调速指标不高,范围不大,平滑性差,低速特性较软,但具有简单、初期投资不高的优点。这种调速方法适用于恒转矩负载,如起重机,对于通风机负载也可应用。

3. 串级调速

所谓串级调速,就是在绕线转子异步电动机的转子电路中引入一个附加电动势 E_f 来调节电动机的转速,这种方法仅适于绕线转子异步电动机。

根据外加直流电源的不同,绕线转子异步电动机的串级调速分为三种基本类型:第一种是恒转矩电动机型串级调速,它的直流电动势由直流发电机(由另外的电动机拖动)产生,调节直流发电机输出电压即可调速;第二种恒功率电动机型串级调速,它的直流电动势由直流发电机(由被调速的绕线电动机的拖动)产生,这两种形式都受到技术经济指标的限制;第三种是晶闸管串级调速,下面就介绍这种调速形式。

图 1-54 是异步电动机晶闸管串级调速系统。图中的整流器将异步电动机转子的转差电动势和电流变成直流,逆变器就是给电动机转子回路提供外接直流电动势的电源,并把转差功率 sP_{em}(扣除转子绕组铜损)大部分反送回交流电源。

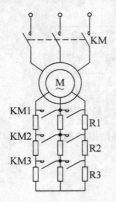
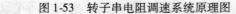

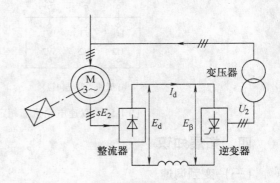

图 1-53　转子串电阻调速系统原理图　　　　图 1-54　异步电动机晶闸管串级调速系统

由于转子回路采用不可控整流,转差功率也仅仅是单方向地由转子侧送出,回馈给电网。与双馈调速相比,串级调速系统结构简单、易于实现、分析和控制方便。但是在相同调速范围和额定负载下,调速装置的容量增大一倍。因而,这种调速形式往往用于调速范围不大的场合,功率因数较低。

晶闸管串级调速性能优异,转差功率可反馈至电网,调速效率高,经济性较好,便于向大容量发展，最适用于通风机负载，也可用于恒转矩负载。在同等功率和设备、指标条件下，直流调速系统比晶闸管串级调速价格要贵 2 ~ 3 倍。在向大功率发展时，异步电动机串级调速系统比直流调速系统有更大的优势。

（三）电动机控制的一般原则

1. 行程控制原则

根据生产机械运动部件的行程或位置，利用行程开关来控制电动机工作状态称为行程控制原则。行程控制原则是机械电气自动化中应用最多和作用原理最简单的一种方式。

2. 时间控制原则

利用时间继电器按一定时间间隔来控制电动机工作状态称为时间控制原则。如在电动机的减压起动、制动及变速过程中，利用时间继电器按一定的时间间隔改变线路的接线方式，以自动完成电动机的各种控制要求。在这里，时间的控制信号由时间继电器发出，时间的长短则根据生产工艺要求或者电动机的起动、制动和变速过程的持续时间来整定时间继电器的动作时间。

3. 速度控制原则

根据电动机的速度变化，利用速度继电器等电器来控制电动机的工作状态称为速度控制原则。反映速度变化的电器有多种。直接测量速度的电器有：速度继电器、小型测速发电机。间接测量电动机速度的有：对于直流电动机用其感应电动势来反映，通过电压继电器来控制；对于绕线转子异步电动机，可用转子频率来反映，通过频率继电器来控制。

4. 电流控制原则

根据电动机主回路电流的大小，利用电流继电器来控制电动机的工作状态称为电流控制原则。

习 题 1

1-1　接触器有何用途？按其主触头所控制电路的性质可分为哪两种类型？

1-2　什么是中间继电器？它与接触器的主要区别是什么？在什么情况下可用中间继电器代替接触器起动电动机？

1-3　热继电器有何作用？如何选用热继电器？

1-4　在电动机控制电路中，热继电器与熔断器各起什么作用？

1-5　按钮与行程开关有何异同点？

1-6　什么是速度继电器？其作用是什么？速度继电器内部的转子有什么特点？若其触头过早动作，应如何调整？

1-7　在电动机正反转运行控制电路中，为什么必须采用互锁环节控制？有的控制电路已采用了机械互锁，为什么还要采用电气互锁？

1-8　电气控制电路常用的保护环节有哪些？各采用什么电器元件？

1-9　什么是互锁？什么是自锁？举例说明各自的作用。

1-10　常开触头串联或并联在电路中起什么控制作用？常闭触头串联或并联在电路中起什么控制作用？

1-11　电路图中 QS、FU、KM、KT、SQ、SB 分别是什么电器元件的文字符号？

1-12　笼型异步电动机减压起动方法有哪几种？

1-13　空气式时间继电器按其控制原理可分为哪两种类型？每种类型的时间继电器其触头有哪几类？画出它们的图形符号。

1-14　两台电动机不同时起动，一台电动机额定电流为14.8A，另一台的额定电流为6.47A，试选择用作短路保护熔断器的额定电流及熔体的额定电流。

1-15　画出三相异步电动机既可点动又可连续运行的电气控制电路。

1-16　试设计一台三相异步电动机的控制电路。要求：

1）能实现起、停的两地控制；

2）能实现点动调整；

3）能实现单方向的行程保护；

4）具有短路和过载保护。

1-17　一台电动机为丫-△联结，允许轻载起动，设计满足下列要求的控制电路：

1）采用手动和自动控制减压起动；

2）能实现连续运转和点动工作，并且点动工作时要求处于减压状态；

3）具有必要的互锁和保护环节。

1-18　设计一台电动机的控制电路，要求：

1）能实现正、反转；

2）能实现正向点动；

3）能实现反接制动；

4）具有短路和过载保护。

1-19　某机床由一台笼型异步电动机拖动，润滑油泵由另一台异步电动机拖动，均采用直接起动，工艺要求如下：

1）主轴必须在油泵开动后，才能起动；

2）主轴正常为正向运转，但为调试方便，要求能正反向点动；

3）主轴停止后，才允许油泵停止；

4）具有短路、过载保护。

1-20　为两台异步电动机设计主电路和控制电路，其要求如下：

1）两台电动机互不影响地独立操作起动与停止；

2）能同时控制两台电动机的停止；

3）当其中任一台电动机发生过载时，两台电动机均停止。

1-21　试设计一小车运行的继电器-接触器控制电路，小车由三相异步电动机拖动，其动作程序如下：

1）小车由原位开始前进，到终点后自动停止；

2）在终点停留一段时间后自动返回原位停止；

3）在前进或后退途中任意位置都能停止或起动。

1-22　试设计一个工作台前进-退回的控制电路。工作台由电动机 M 拖动，行程开关 SQ1、SQ2 分别装在工作台的原位和终点。要求：

1）能自动实现前进-后退-停止到原位；

2）工作台前进到达终点后停一下再后退；

3）工作台在前进中可以立即后退到原位；

4）有终端保护。

项目2

典型生产机械设备的
继电器-接触器控制

教学目标

1. 能熟练使用常用的低压电器。

2. 能掌握典型生产机械设备的继电器-接触器控制原理。

3. 能掌握典型生产机械设备的继电器-接触器控制电路的分析方法。

4. 能掌握典型生产机械设备的继电器-接触器控制电路的故障分析方法。

5. 能调试、排除典型生产机械设备的继电器-接触器控制电路的常见故障。

模块1   C650型卧式车床的电气控制

一、工作任务

用低压电器实现对C650型卧式车床的继电器-接触器控制。弄清C650型卧式车床结构和电气控制电路的原理,并能根据故障现象进行分析和排除故障。

二、相关实践知识

(一) C650型卧式车床的主要结构与运动分析

卧式车床是应用非常广泛的金属切削机床,可以用来加工工件的外圆、内圆、端面及螺纹,也可以用钻头、铰刀等进行钻孔、镗孔、倒角、割槽及切断等加工。

C650型卧式车床属于中型车床,可加工的最大工件回转直径为1020mm,最大工件长度为3000mm和5000mm。

图2-1所示为卧式车床结构示意图,卧式车床的主要结构由床身、主轴箱、进给箱、挂轮箱、溜板箱、溜板、刀架、尾座、光杠及丝杠等部分组成。

车床的运动形式有主运动、进给运动和辅助运动。

1)主运动是主轴通过卡盘或夹头带动工件的旋转运动。

2)进给运动是溜板带动刀架的纵向或横向直线运动。

3)辅助运动是刀架的快速移动及工件的夹紧、松开等,便于提高生产效率。

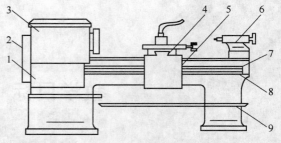

图2-1   卧式车床结构示意图

1—进给箱 2—挂轮箱 3—主轴箱 4—溜板与刀架 5—溜板箱 6—尾座 7—丝杠 8—光杠 9—床身

C650卧式车床采用3台三相笼型异步电动机拖动,即主轴电动机M1、冷却泵电动机M2和快速移动电动机M3。

主轴电动机M1:完成主轴主运动和刀具进给运动的驱动。电动机采用直接起动的方式,可正、反两个方向旋转,并正、反两旋转方向都可以实现反接制动;为了加工调整方便,还具有点动功能。

冷却泵电动机M2:在工件加工时提供冷却液。采用单方向的连续工作状态。

快速移动电动机M3:实现刀架的快速移动,可根据需要随时手动控制起停,为点动控制。

(二) 电气线路的主要控制要求

1)从经济性、可靠性考虑,主轴电动机一般选用三相笼型异步电动机,不进行电气调速。

2)采用齿轮箱进行机械有级调速。为减小振动,主轴电动机通过几条V带将动力传递到主轴箱。

3)为车削螺纹,主轴要求有正、反转。

4）主轴电动机采用直接起动，停止采用反接制动。

5）车削加工时，刀具及工件温度过高，有时需要冷却，因而应该配有冷却泵电动机。且要求在主轴电动机起动后，冷却泵电动机方可选择开动与否，而当主轴电动机停止时，冷却泵电动机应立即停止。

6）必须有过载、短路及零电压保护。

7）具有安全的局部照明装置。

三、相关理论知识

C650 型卧式车床电气原理图如图 2-2 所示。

1. 主电路

（1）主轴电动机电路　三相交流电源 L1、L2、L3 经熔断器 FU 后，由隔离开关 QS 引入 C650 型卧式车床主电路。主轴电动机电路中，熔断器 FU1 为短路保护环节；FR1 是热继电器加热元件，对主轴电动机 M1 起过载保护作用。

当 KM1 主触头闭合、KM2 主触头断开时，三相交流电源将分别接入电动机的 U1、V1、W1 三相绕组中，主轴电动机 M1 将正转。反之，当 KM1 主触头断开、KM2 主触头闭合时，三相交流电源将分别接入主轴电动机 M1 的 W1、V1、U1 三相绕组中，与正转时相比，U1 与 W1 进行了换接，实现主轴电动机反转。

当 KM3 主触头断开时，三相交流电源电流将流经限流电阻 R 而进入电动机绕组，电动机绕组电压将减小。如果 KM3 主触头闭合，则电源电流将不经限流电阻而直接接入电动机绕组中，主轴电动机处于全压运转状态。

电流表 A 在电动机 M1 主电路中起监视定子绕组电流的作用，通过 TA 线圈套在一相定子绕组上，当该相绕组有电流流过时，将产生感应电流，通过这一感应电流显示电动机绕组中当前电流值。其控制原理是当 KT 常闭延时断开触头不动作时，TA 产生的感应电流不经过电流表 A，而一旦 KT 常闭触头断开，电流表 A 就可检测到电动机绕组中的电流。

速度继电器 KS 是和主轴电动机 M1 主轴同轴安装的速度检测元件，根据主轴电动机主轴转速对速度继电器触头的闭合与断开进行控制。

（2）冷却泵电动机电路　冷却泵电动机电路中的熔断器 FU4 起短路保护作用，热继电器 FR2 起过载保护作用。当 KM4 主触头断开时，冷却泵电动机 M2 停转不供液；KM4 主触头一旦闭合，M2 将起动供液。

（3）快速移动电动机电路　快速移动电动机电路中的熔断器 FU5 起短路保护作用。KM5 主触头闭合时，快速移动电动机 M3 起动；而 KM5 主触头断开，快速移动电动机 M3 停止。

主电路通过变压器 TC 与控制电路和照明灯电路建立电联系。变压器 TC 一次侧接入电压为 380V，二次侧有 36V、110V 两种供电电源，其中 36V 给照明灯电路供电，而 110V 给车床控制电路供电。

2. 控制电路

控制电路读图分析的一般方法是从各类触头的断、合与相应电磁线圈得、断电之间的关系入手，并通过线圈得、断电状态，分析主电路中受该线圈控制的主触头的分合状态，得出电动机受控运行状态的结论。控制电路从 7 区至 23 区，各支路垂直布置，相互之间为并联关系。

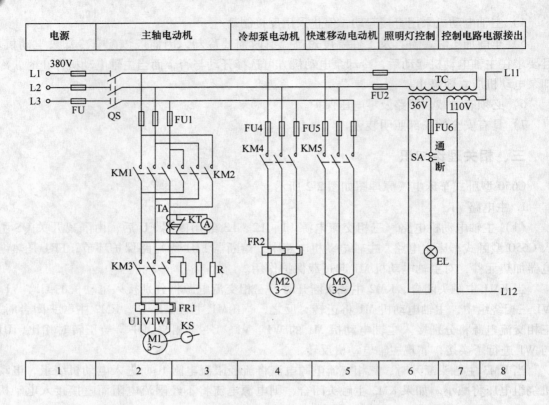

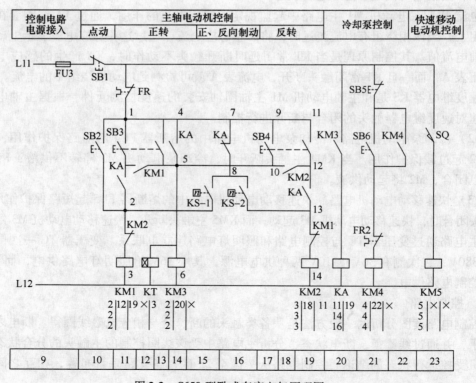

图 2-2　C650 型卧式车床电气原理图

（1）主轴电动机点动控制　按下主轴电动机 M1 的点动控制按钮 SB2，KM1 线圈通电，主电路中 KM1 主触头闭合，由隔离开关 QS 引入的三相交流电源将经 KM1 主触头、限流电阻接入主轴电动机 M1 的三相绕组中，主轴电动机 M1 串电阻减压起动。一旦松开 SB2，KM1 线圈断电，主轴电动机 M1 断电停转。

（2）主轴电动机正转控制　按下 SB3，KM3 线圈与 KT 线圈同时通电，并通过 20 区 KM3 的常开辅助触头闭合而使 KA 线圈通电，KA 线圈通电又导致 11 区中的 KA 常开触头闭合，使 KM1 线圈通电。而 11～12 区的 KM1 常开辅助触头与 14 区的 KA 常开触头对 SB3 形成自锁。主电路中 KM3 主触头与 KM1 主触头闭合，电流不经限流电阻 R 则主轴电动机全压正转起动。

绕组电流监视电路中，因 KT 线圈通电后延时开始，但由于延时时间还未到，所以 KT 常闭延时断开触头保持闭合，感应电流经 KT 常闭触头短路，造成电流表 A 中没有电流通过，避免了全压起动初期绕组电流过大而损坏电流表 A。KT 线圈延时时间到达时，电动机已接近额定转速，绕组电流监视电路中的 KT 常闭触头将断开，感应电流流入电流表 A，将绕组中电流值显示在 A 表上。

（3）主轴电动机反转控制　按下 SB4，通过 9、10、5、6 使 KM3 线圈与 KT 线圈同时通电，与正转控制相类似，20 区的 KA 线圈通电，再通过 11—12—13—14 使 KM2 线圈通电。主电路中 KM2、KM3 主触头闭合，电动机全压反转起动。KM1 线圈所在支路与 KM2 线圈所在支路通过 KM2 与 KM1 常闭触头实现电气控制互锁。

（4）主轴电动机反接制动控制　KS-2 是速度继电器的正转控制触头，当电动机正转起动至接近 120r/min 转速时，KS-2 常开触头闭合并保持。制动时按下 SB1，控制电路中所有电磁线圈都将断电，主电路中 KM1、KM2、KM3 主触头全部断开，电动机断电降速，但由于正转转动惯性，需较长时间才能降为零速。一旦松开 SB1，则经 1—7—8—KS-2—13—14 使 KM2 线圈通电。主电路中 KM2 主触头闭合，三相电源电流经 KM2 使 U1、W1 两相换接，再经限流电阻 R 接入三相绕组中，在电动机转子上形成反转转矩，并与正转的惯性转矩相抵消，电动机迅速停车。

在电动机正转起动至额定转速，再从额定转速制动至停车的过程中，KS-1 反转控制触头始终不产生闭合动作，保持常开状态。

KS-1 常开触头在电动机反转起动至接近 120r/min 转速时闭合并保持。与正转制动相类似，按下 SB1，电动机断电降速。一旦松开 SB1，则经 1—7—8—KS-1—2—3 使 KM1 线圈通电，电动机转子上形成正转转矩，并与反转的惯性转矩相抵消，使电动机迅速停车。

（5）冷却泵电动机起停控制　按下 SB6，线圈 KM4 通电，并通过 KM4 常开辅助触头对 SB6 自锁，主电路中 KM4 主触头闭合，冷却泵电动机 M2 起动并保持。按下 SB5，KM4 线圈断电，冷却泵电动机 M2 停转。

（6）快速移动电动机点动控制　行程开关由车床上的刀架手柄控制。转动刀架手柄，行程开关 SQ 将被压下而闭合，KM5 线圈通电。主电路中 KM5 主触头闭合，驱动刀架快速移动的电动机 M3 起动。反向转动刀架手柄复位，行程开关 SQ 断开，则电动机 M3 断电停转。

（7）照明电路　灯开关 SA 置于闭合位置时，EL 灯亮。SA 置于断开位置时，EL 灯灭。C650 型卧式车床电气原理图中电气元件符号及名称见表 2-1。

表 2-1　C650 型卧式车床电气元件符号及名称

符号	名称	符号	名称
M1	主轴电动机	SB1	总停按钮（停止按钮）
M2	冷却泵电动机	SB2	主轴电动机正向点动按钮
M3	快速移动电动机	SB3	主轴电动机正转按钮
KM1	主轴电动机正转接触器	SB4	主轴电动机反转按钮
KM2	主轴电动机反转接触器	SB5	冷却泵电动机停转按钮
KM3	短接限流电阻接触器	SB6	冷却泵电动机起动按钮
KM4	冷却泵电动机起动接触器	TC	控制变压器
KM5	快速移动电动机起动接触器	FU1 ~ FU6	熔断器
KA	中间继电器	FR1	主轴电动机过载保护热继电器
KT	通电延时时间继电器	FR2	冷却泵电动机过载保护热继电器
SQ	快速移动电动机点动行程开关	R	限流电阻
SA	开关	EL	照明灯
KS	速度继电器	TA	电流互感器
A	电流表	QS	隔离开关

四、拓展知识——C650 型卧式车床电气线路的故障与维修

1. 主轴电动机 M1 不能起动

故障可能是 FU1 的熔丝熔断；热继电器 FR1 已动作，其常闭触头尚未复位；起动按钮 SB3 或停止按钮 SB1 内的触头接触不良；交流接触器 KM1、KM3 的线圈烧毁或接线脱落。

2. 主轴电动机 M1 不能点动

故障可能是点动按钮 SB2 的常开触头损坏或接线脱落。

3. 主轴电动机 M1 不能进行反接制动

故障可能是速度继电器 KS 损坏或接线脱落；电阻 R 损坏或接线脱落。

4. 不能检测主轴电动机负载

故障可能是电流表损坏；时间继电器 KT 设定的时间太短或损坏；电流互感器 TA 损坏。

模块 2　X62W 型铣床的电气控制

一、工作任务

用低压电器实现对 X62W 型铣床的继电器-接触器控制。弄清 X62W 型铣床结构和电气控制电路的原理，并能根据故障现象进行分析和排除故障。

二、相关实践知识

（一）铣床的主要结构及运动形式

铣削是一种高效率的加工方式，铣刀的旋转是主运动，工作台的上下、左右、前后运动都是进给运动，其他运动，如工作台的旋转运动则是辅助运动。

　　铣床主要用来加工机械零件的平面、斜面及沟槽等型面，在装上分度头后，还可以加工直齿轮和螺旋面，装上回转圆工作台还可以加工凸轮和弧形槽。由于用途广，在金属切削机床使用数量上铣床仅次于车床，占第二位。铣床的类型分立铣、卧铣、龙门铣、仿形铣以及各种专用铣床。各种铣床在结构、传动形式、控制方式等方面有许多类似之处。下面以X62W 型卧式万能铣床为例介绍铣床的电气控制电路原理分析、故障检修。

　　图 2-3 所示为 X62W 型万能铣床外形图，铣床主要由床身和工作台两大部分组成，箱形的床身固定在机床底座上。床身内装有主轴传动机构和变速操纵机构，在床身上部有水平导轨，此水平导轨上装着带有刀杆支架的悬梁，刀杆支架悬梁用来支撑铣刀心轴的一端，而铣刀心轴的另一端固定在主轴上，并由主轴带动铣刀旋转。悬梁可沿水平导轨移动，刀杆支架也可沿着悬梁作水平方向移动，用来调整铣刀位置和便于安装各种不同规格的心轴。床身前面有垂直导轨，升降台可沿着垂直导轨上下移动，在升降台上的水平导轨上，装有可在平行主轴轴线方向移动（横向移动,即前后移动）的溜板，溜板上部有可转动的回转台。工作台装在回转台导轨上，并能在导轨上作垂直于主轴轴线方向的移动（纵向移动,即左右移动）。工作台上有固定的燕尾槽。从以上分析知，固定在工作台上的工件可以作上下、左右及前后三个方向的运动。此外，由于转动部分对溜板绕垂直轴线可转动一个角度（通常为45°），这样工作台在水平面上除能平行或垂直于主轴轴线方向进给外，还能在倾斜方向上进给，从而完成铣螺旋槽的加工。卧式铣床与万能卧式铣床的区别在于前者没有转动部分，因此不能加工螺旋槽。

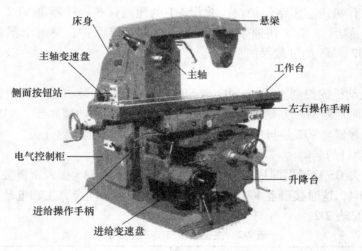

图 2-3　X62W 型万能铣床外形图

（二）电气线路的主要控制要求

　　1）机床要求有三台电动机，分别称为主轴电动机、进给电动机和冷却泵电动机。

　　2）由于加工时有顺铣和逆铣两种，所以要求主轴电动机能正反转；在变速时能瞬时冲动，以利于齿轮的啮合；并要求能制动停车和实现两地控制。

　　3）工作台的三种运动形式、六个方向的移动是依靠机械方法来达到的。对进给电动机要求能正反转，且要求纵向、横向、垂直三种运动形式相互间有互锁，以确保操作安全。同时要求工作台进给变速时，进给电动机也能瞬时冲动，并要求能快速进给及两地控制等要求。

　　4）冷却泵电动机只要求正转。

5）进给电动机与主轴电动机需实现两台电动机的互锁控制，即主轴工作后才能进行进给。

三、相关理论知识

图2-4所示为X62W型万能铣床电气原理图。该机床共有三台电动机：M1是主轴电动机，在电气上需要实现起动控制与制动快速停转控制；为了完成顺铣与逆铣，还需要正反转控制，此外还需主轴临时制动以完成变速操作过程。

M2是工作台进给电动机，M3是冷却泵电动机。

YA是快速牵引电磁铁。当快速牵引电磁铁线圈通电后，快速牵引电磁铁通过牵引快速离合器中的连接控制部件，使水平工作台与快速离合器连接实现快速移动，当YA断电时，水平工作台脱开快速离合器，恢复正常速度移动。

X62W型铣床电气控制电路由主电路、控制电路和照明电路三部分组成。

1. 主电路

主轴电动机M1通过转换开关SA5与接触器KM1配合，能进行正反转控制，而与接触器KM2、制动电阻器R及速度继电器的配合，能实现串电阻瞬时冲动和正反转反接制动控制，并能通过机械进行变速。

进给电动机M2能进行正反转控制，通过接触器KM3、KM4与行程开关及KM5、快速牵引电磁铁YA配合，能实现进给变速时的瞬时冲动、六个方向的进给和快速进给控制。

冷却泵电动机M3只能正转，供应冷却液。

熔断器FU1作机床总短路保护，也兼作M1的短路保护；熔断器FU2作为M2、M3及控制变压器TC、照明灯EL、快速牵引电磁铁YA的短路保护；热继电器FR1、FR2、FR3分别作为M1、M2、M3的过载保护。

2. 控制电路

（1）主轴电动机的控制　SB1、SB3与SB2、SB4是分别装在机床两边的停止（制动）和起动按钮，实现两地控制，方便操作。KM1是主轴电动机起动接触器，KM2是反接制动和主轴变速冲动接触器。SQ7是与主轴变速手柄联动的瞬时动作行程开关。

1）主轴电动机的起动。

合上电源开关QS接通电源后，再把主轴换相转换开关SA5扳到所需要的旋转方向，然后按下SB3或SB4，这时接触器KM1吸合，使KM1主触头闭合，主轴电动机M1起动。

SA5的功能见表2-2。

表2-2　主轴换相转换开关位置表

位置触头	正转	停止	反转	位置触头	正转	停止	反转
SA5-1	-	-	+	SA5-3	+	-	-
SA5-2	+	-	-	SA5-4	-	-	+

M1起动后，速度继电器KS的常开触头闭合，为主轴电动机的停车制动做好准备。

2）主轴电动机的停车。

按停止按钮SB1或SB2切断KM1电路，接通KM2电路，改变M1的电源相序进行串电阻反接制动。当M1的转速低于100r/min时，速度继电器KS的常开触头恢复断开，切断KM2电路，M1停转，制动结束。

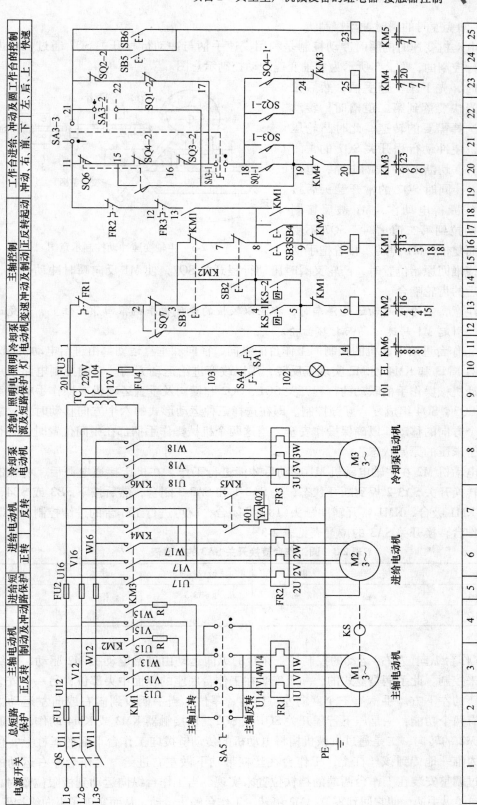

图 2-4　X62W 型万能铣床电气原理图

3) 主轴变速时的瞬时冲动控制。

主轴电动机变速时的瞬时冲动控制是利用变速手柄与冲动行程开关 SQ7 通过机械上联动机构进行控制的，图 2-5 所示为主轴变速冲动控制示意图。

变速时，先下压变速手柄，然后拉到前面，当快要落到第二道槽时，转动变速盘，选择需要的转速。此时凸轮压下弹簧杆，使冲动行程开关 SQ7 的常闭触头先断开，切断 KM1 线圈电路，电动机 M1 断电；同时 SQ7 的常开触头后接通，KM2 线圈得电动作，M1 被反接制动。当手柄拉到第二道槽时，SQ7 不受凸轮控制而复位，M1 停转。接着把手柄从第二道槽推回原始位置时，凸轮又瞬时压动行程开关 SQ7，使 M1 反向瞬时冲动一下，以利于变速后的齿轮啮合。

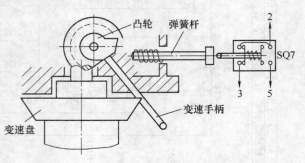

图 2-5　主轴变速冲动控制示意图

但要注意，不论是起动还是停车时，都应以较快的速度把手柄推回原始位置，以免通电时间过长，引起 M1 转速过高而打坏齿轮。

（2）工作台进给电动机的控制　工作台的纵向、横向和垂直运动都由进给电动机 M2 驱动，接触器 KM3 和 KM4 使 M2 实现正反转，用以改变进给运动方向。它的控制电路采用了与纵向运动机械操作手柄联动的行程开关 SQ1、SQ2 和横向及垂直运动机械操作手柄联动的行程开关 SQ3、SQ4 组成复合互锁控制。即在选择三种运动形式的六个方向移动时，只能进行其中一个方向的移动，以确保操作安全，当这两个机械操作手柄都在中间位置时，各行程开关都处于未压的原始状态。

进给电动机 M2 在主轴电动机 M1 起动后才能进行工作。在机床接通电源后，将控制圆工作台的转换开关 SA3-2 扳到断开状态，使 SA3-1 和 SA3-3 闭合，然后按下 SB3 或 SB4，这时接触器 KM1 吸合，KM1 常开辅助触头（18 区）闭合，就可进行工作台的进给控制。

圆工作台转换开关 SA3 的位置表见表 2-3。

表 2-3　圆工作台转换开关 SA3 的位置表

位置触头	接通	断开	位置触头	接通	断开
SA3-1	-	+	SA3-3	-	+
SA3-2	+	-			

1）工作台纵向（左右）运动的控制。工作台的纵向运动由进给电动机 M2 驱动，由纵向操纵手柄来控制。此手柄是复式的，一个安装在工作台底座的顶面中央部位，另一个安装在工作台底座的左下方。手柄有三个：向左、向右、零位。当手柄扳到向右或向左运动方向时，手柄有两个功能：一是压下行程开关 SQ1 或 SQ2，使接触器 KM3 或 KM4 动作，控制进给电动机 M2 的转向；二是通过机械机构将电动机的传动链拨向工作台下面的丝杠上，使电动机的动力唯一地传到该丝杠上，工作台在丝杠带动下做左右进给。工作台左右运动的行程，可通过调整安装在工作台两端的挡铁位置来实现。当工作台纵向运动到极限位置时，挡铁撞动纵向操纵手柄，使它回到零位，M2 停转，工作台停止运动，从而实现了纵向终端保护。

工作台向右运动：当纵向操纵手柄扳至向右位置时，机械上仍然接通纵向进给离合器，但却压动了行程开关 SQ1，使 SQ1-2 常闭触头断开，SQ1-1 常开触头接通，使 KM3 吸合，M2 正转，工作台向右进给运动，其控制电路的通路为：11-15-16-17-18-19-20-KM3 线圈-101。

工作台向左运动：在 M1 起动后，将纵向操作手柄扳至向左位置，一方面机械接通纵向离合器，同时压下 SQ2，使 SQ2-2 常闭触头断开，SQ2-1 常开触头接通，而其他控制进给运动的行程开关都处于原始位置，此时使 KM4 吸合，M2 反转，工作台向左进给运动，其控制电路的通路为：11-15-16-17-18-24-25-KM4 线圈-101。

2）工作台垂直（上下）和横向（前后）运动的控制。工作台的垂直和横向运动由垂直和横向进给手柄操纵。此手柄也是复式的，有两个完全相同的手柄，分别装在工作台左侧的前、后方。手柄一方面压下行程开关 SQ3 或 SQ4，另一方面能接通垂直或横向进给离合器。操纵手柄有五个位置（上、下、前、后、中间），五个位置是互锁的，工作台的上下和前后的终端保护是利用装在床身导轨旁与工作台座上的挡铁，将操纵十字手柄扳到中间位置，使 M2 断电停转。

工作台向前（或者向下）运动的控制：将十字操纵手柄扳至向前（或者向下）位置时，机械上接通横向进给（或者垂直进给）离合器，同时压下 SQ3，使常闭触头 SQ3-2 断开，常开触头 SQ3-1 接通，使 KM3 吸合，M2 正转，工作台向前（或者向下）运动。其通路为：11-21-22-17-18-19-20-KM3 线圈-101。

工作台向后（或者向上）运动的控制：将十字操纵手柄扳至向后（或者向上）位置时，机械上接通横向进给（或者垂直进给）离合器，同时压下 SQ4，使常闭触头 SQ4-2 断开，常开触头 SQ4-1 接通，使 KM4 吸合，M2 反转，工作台向后（或者向上）运动。其通路为：11-21-22-17-18-24-25-KM4 线圈-101。

3）工作台进给互锁控制。如果每次只对纵向操纵手柄（选择左、右进给方向）与十字复合操作手柄（选择前、后、上、下进给方向）中的一个手柄进行操作，必然只能选择一种进给运动方向，而如果同时操作两个手柄，就须通过电气互锁避免水平工作台的运动事故。

由于受纵向手柄控制的行程开关常闭触头 SQ2-2、SQ1-2 串接在 23 区的一条支路中，而受十字复合操作手柄控制的行程开关常闭触头 SQ4-2、SQ3-2 串接在 20 区的一条支路中，假如同时操作纵向操纵手柄与十字复合操作手柄，两条支路将同时切断，KM3 与 KM4 线圈均不能通电，工作台进给电动机 M2 就不能起动运转，避免了机床事故。

4）进给电动机变速时的瞬动（冲动）控制。变速时，为使齿轮易于啮合，进给变速与主轴变速一样，设有变速冲动环节。当需要进行进给变速时，应将转速盘的蘑菇形手轮向外拉出并转动转速盘，把所需进给量的标尺数字对准箭头，然后再把蘑菇形手轮用力向外拉到极限位置并随即推向原位，在推进时，瞬时压下行程开关 SQ6，使 KM3 瞬时吸合，M2 正向瞬动。

其通路为：11-21-22-17-16-15-19-20-KM3 线圈-101，由于进给变速瞬动的通电回路要经过 SQ1～SQ4 四个行程开关的常闭触头，因此只有当进给运动的操作手柄都在中间（停止）位置时，才能实现进给变速冲动控制，以保证操作时的安全。同时，与主轴变速时冲动控制一样，电动机的通电时间不能太长，以防止转速过高时变速打坏齿轮。

5）工作台的快速进给控制。为提高劳动生产率，要求铣床在不作铣切加工时，工作台能快速移动。

工作台快速进给也是由进给电动机 M2 驱动，在纵向、横向和垂直三种运动形式六个方向上都可以实现快速进给控制。

主轴电动机起动后，将进给操纵手柄扳到所需位置，工作台按照选定的速度和方向作正常进给移动时，再按下快速进给按钮 SB5(或 SB6)，使接触器 KM5 通电吸合，接通牵引电磁铁 YA，电磁铁通过杠杆使摩擦离合器合上，减少中间传动装置，使工作台按运动方向作快速进给运动。当松开快速进给按钮时，电磁铁 YA 断电，摩擦离合器断开，快速进给运动停止，工作台仍按正常进给时的速度继续运动。

(3) 圆工作台运动的控制　如需利用铣床铣切螺旋槽、弧形槽等曲线时，可在工作台上安装圆形工作台及其传动机械，圆形工作台的回转运动也是由进给电动机 M2 驱动的。

圆工作台工作时，应先将进给操作手柄都扳到中间(停止)位置，然后将圆工作台转换开关 SA3 扳到圆工作台接通位置。此时 SA3-1 断开，SA3-3 断开，SA3-2 接通。准备就绪后，按下主轴起动按钮 SB3 或 SB4，则接触器 KM1 与 KM3 相继吸合。主轴电动机 M1 与进给电动机 M2 相继起动并运转，而进给电动机仅以正转方向带动圆工作台作定向回转运动。其通路为：11-15-16-17-22-21-19-20-KM3 线圈-101。圆工作台与工作台进给有互锁，即当圆工作台工作时，不允许工作台在纵向、横向、垂直方向上有任何运动。若误操作而扳动进给运动操纵手柄(即压下 SQ1～SQ4、SQ6 中任一个)，M2 即停转。

(4) 冷却泵电动机 M3 控制　转换开关 SA1 置于"开"位时，KM6 线圈通电，冷却泵主电路中 KM6 主触头闭合，冷却泵电动机 M3 起动供液。而 SA1 置于"关"位时，M3 停止供液。

(5) 照明线路与保护环节　机床局部照明由变压器 TC 供给 12V 安全电压，转换开关 SA4 控制照明灯。

当主轴电动机 M1 过载时，FR1 动作断开整个控制电路的电源；进给电动机 M2 过载时，FR2 动作断开自身的控制电源；而当冷却泵电动机 M3 过载时，FR3 动作就可断开 M2、M3 的控制电源。FU1、FU2 实现主电路的短路保护，FU3 实现控制电路的短路保护，而 FU4 则用于实现照明线路的短路保护。

X62W 型万能铣床电气原理图中各电气元件符号及其功能说明见表 2-4。

表 2-4　X62W 型万能铣床电气原理图中各电气元件符号及其功能说明

符号	名称及用途	符号	名称及用途
M1	主轴电动机	SQ6	进给变速控制行程开关
M2	进给电动机	SQ7	与主轴变速手柄联动的瞬时动作行程开关
M3	冷却泵电动机	SA3	圆工作台转换开关
KM1	主轴电动机起停控制接触器	SA1	冷却泵转换开关
KM2	反接制动控制接触器	SA4	照明灯转换开关
KM3、KM4	进给电动机正转、反转控制接触器	SA5	主轴换相转换开关
KM5	快速移动控制接触器	QS	电源隔离开关
KM6	冷却泵电动机起停控制接触器	SB1、SB2	分设在两处的主轴停止按钮
KS	速度继电器	SB3、SB4	分设在两处的主轴起动按钮
YA	快速牵引电磁铁	SB5、SB6	工作台快速进给按钮
R	限流电阻	FR1	主轴电动机热继电器
SQ1	工作台向右进给行程开关	FR2	进给电动机热继电器
SQ2	工作台向左进给行程开关	FR3	冷却泵热继电器
SQ3	工作台向前、向下进给行程开关	TC	变压器
SQ4	工作台向后、向上进给行程开关	FU1～FU4	熔断器

四、拓展知识——X62W 型万能铣床电气线路的故障与维修

铣床控制电路与机械系统的配合十分密切，其控制电路的正常工作往往与机械系统的正常工作是分不开的，这就是铣床电气控制电路的特点。正确判断是电气故障还是机械故障和熟悉机电部分配合情况，是迅速排除电气故障的关键。

（1）主轴停车时无制动　主轴停车无制动时，要首先检查按下停止按钮 SB1 或 SB2 后，反接制动控制接触器 KM2 是否吸合，KM2 不吸合，则故障原因一定在控制电路部分，检查时可先操作主轴变速冲动手柄，若有冲动，故障范围就缩小到速度继电器和按钮支路上。若 KM2 吸合，其故障原因：一是在主电路的 KM2、R 制动支路中，至少有一相的故障存在；二是速度继电器的常开触头过早断开。在检查时，只要仔细观察故障现象，这两种故障原因是能够区别的，前者的故障现象是完全没有制动作用，而后者则是制动效果不明显。

主轴停车时无制动更多是由于速度继电器 KS 发生故障引起的。如 KS 常开触头不能正常闭合，其原因有推动触头的胶木摆杆断裂，KS 轴伸端圆销扭弯、磨损或弹性连接元件损坏，螺纹销钉松动或打滑等。若 KS 常开触头过早断开，其原因有 KS 动触头的反力弹簧调节过紧，KS 的永久磁铁转子的磁性衰减等。

（2）主轴停车后产生短时反向旋转　速度继电器 KS 动触头弹簧调整得过松，使触头分断过迟引起，只要重新调整反力弹簧便可消除。

（3）按下停止按钮后主轴电动机不停转　如果按下停止按钮后 KM1 不释放，则故障可断定是由熔焊引起；如果按下停止按钮后，接触器的动作顺序正确，即 KM1 能释放，KM2 能吸合，同时伴有嗡嗡声或转速过低，则可断定是制动时主电路有缺相故障存在；若制动时接触器动作顺序正确，电动机也能进行反接制动，但放开停止按钮后，电动机又再次自起动，则可断定故障是由起动按钮绝缘击穿引起。

（4）工作台不能做向上进给运动　行程开关 SQ4-1 由于安装螺钉松动而移动位置，造成操纵手柄虽然到位，但触头 SQ4-1（18-24）仍不能闭合。

（5）工作台不能做纵向进给运动　首先检查行程开关 SQ6（11-15）、SQ4-2 及 SQ3-2 支路，即线号为 11-15-16-17 支路，因为只要三对常闭触头中有一对不能闭合、有一根线头脱落，就会使纵向不能进给。然后再检查进给变速冲动是否正常，如果也正常，则故障的范围已缩小到在 SQ6（11-15）及 SQ1-1、SQ2-1 上，但一般 SQ1-1、SQ2-1 两对常开触头同时发生故障的可能性甚小，而 SQ6（11-15）由于进给变速时，常因用力过猛而容易损坏，所以可先检查 SQ6（11-15）触头，直至找到故障点并予以排除。

（6）工作台各个方面都不能进给　可先进行进给变速冲动或圆工作台控制，如果正常，则故障可能在转换开关 SA3-1 及引接线 17、18 号上；若进给变速也不能工作，要注意接触器 KM3 是否吸合，如果 KM3 不能吸合，则故障可能发生在控制电路的电源部分，即 11-15-16-18-20 号线路及 101 号线上，若 KM3 能吸合，则应着重检查主电路，包括电动机的接线及绕组是否存在故障。

（7）工作台不能快速进给　常见的故障原因是牵引电磁铁电路不通，多数是由线头脱落、线圈损坏或机械卡死引起。如果按下 SB5 或 SB6 后接触器 KM5 不吸合，则故障在控制电路部分；若 KM5 能吸合，且牵引电磁铁 YA 也吸合正常，则故障大多是由于杠杆卡死或离合器摩擦片间隙调整不当引起。

检修注意事项如下：

1）注意检查开关位置：乱动开关或将开关扳错，都会给排除电气故障造成障碍。排除故障前，对不经常使用的开关，如圆工作台开关等，更应特别注意。

2）测量并记录电阻值：在机床电气说明书及电路图中（除电子元件组成的控制电路外），一般不标注电阻值。当出现接触不良故障时，电路或电器的某部件的电阻就要增大。如平时没有记录，判断电器好坏就有困难。例如，测量某继电器线圈两端电压正常，但它不吸合，要判断其断路与否，就要测量电阻值，平时没有记录就无法断定。并非所有的电器都要记录，主要记录难以查找故障的电器部件的电阻值，如继电器、接触器、电磁铁线圈、变压器及电动机绕组等电阻值。尤其对进口设备的电器元件的电阻值，更应记录细一点，这样便于检修。

模块 3　T68 型卧式镗床的电气控制

一、工作任务

用低压电器实现对 T68 型卧式镗床的继电器-接触器控制。弄清 T68 型卧式镗床结构和电气控制电路的原理，并能根据故障现象进行分析和排除故障。

二、相关实践知识

（一）镗床的主要结构及运动形式

镗床是一种精密加工机床，主要用于加工精确的孔和孔间距离要求较为精确的零件。按不同用途，镗床可分为卧式镗床、立式镗床、坐标镗床和专用镗床等。在生产中使用较广泛的有卧式镗床和坐标镗床。其中，坐标镗床加工精度很高，适合于加工高精度坐标孔距的多孔零件；卧式镗床不但能完成孔加工，而且还能完成车削端面及内外圆，铣削平面等。下面以卧式镗床为例加以分析。

T68 型卧式镗床主要由床身、前立柱、镗头架、工作台、后立柱和尾座等组成。T68 型卧式镗床结构示意图如图 2-6 所示。

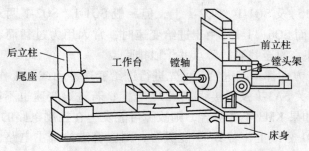

图 2-6　T68 型卧式镗床结构示意图

T68 型卧式镗床的床身是一个整体的铸件，在它的一端固定有前立柱，在前立柱的垂直导轨上装有镗头架，镗头架可沿导轨上下移动。镗头架里集中地装有主轴部分、变速箱、进给箱与操纵机构等部件。切削刀具固定在镗轴前端的锥形孔里，或装在花盘上的刀具溜板上。在工作过程中，镗轴一面旋转，一面沿轴向作进给运动。而花盘只能旋转，装在其上的刀具溜板则可作垂直于主轴轴线方向的径向进给运动。镗轴和花盘主轴是通过单独的传动链传动，因此它们可以独立转动。

后立柱上的尾座用来支持装夹在镗轴上的镗杆末端，它与镗头架同时升降，保证两者的轴心始终在同一直线上。后立柱可沿着床身导轨在镗轴的轴线方向调整位置。

安装工件用的工作台安置在床身导轨上，它由下溜板、上溜板和可转动的工作台组成，工作台可在平行于（纵向）与垂直于（横向）镗轴轴线方向移动。

T68 型卧式镗床的运动方式有：

1）主运动：镗轴的旋转运动与花盘的旋转运动。

2）进给运动：镗轴的轴向进给、花盘刀具溜板的径向进给，镗头架的垂直进给，工作台的横向进给，工作台的纵向进给。

3）辅助运动：工作台的回转，后立柱的轴向移动，尾座的垂直移动及各部分的快速移动等。

（二）电气线路的主要控制要求

1）主轴旋转与进给都有较大的调速范围，主运动与进给运动由一台电动机拖动，为简化传动机构采用"△-丫丫"双速笼型异步电动机。

2）由于各种进给运动都有正反不同方向的运转，故主轴电动机要求正、反转。

3）为满足调整工作需要，主轴电动机应能实现正、反转的点动控制。

4）主轴要求快速而准确的制动，所以必须采用效果好的停车制动。卧式镗床采用反接制动。

5）主轴变速与进给变速可在主轴电动机停车或运转时进行。为便于变速时齿轮啮合，应有变速低速断续冲动过程。

6）为缩短辅助时间，各进给方向均能快速移动，配有快速移动电动机拖动，该电动机能实现正、反转的点动控制。

7）主轴电动机为双速笼型异步电动机，有高、低两种速度可供选择，低速时采用直接起动；在高速时控制电路要保证先接通低速，经延时再接通高速以减少起动电流。

8）由于运动部件多，应设有必要的互锁与保护环节。

三、相关理论知识

图 2-7 所示为 T68 型卧式镗床电气原理图。

1. 主电路

T68 型卧式镗床由两台三相异步电动机驱动，即主轴电动机 M1 和快速移动电动机 M2。熔断器 FU1 作电路总的短路保护，FU2 作快速移动电动机和主电路的短路保护。热继电器 FR 作主轴电动机 M1 的过载保护。快速移动电动机 M2 短期工作，所以不需要设置过载保护。接触器 KM1 和 KM2 用于控制 M1 正反转，接触器 KM3 用于短接电阻 R，接触器 KM4 和 KM5 作三角形-双星形变速切换。接触器 KM6 和 KM7 用于控制 M2 正反转。

2. 控制电路

1）主轴电动机 M1 的点动控制。主轴电动机 M1 的点动控制有正向点动和反向点动控制，分别由按钮 SB4 和 SB5 控制。按下 SB4，接触器 KM1 线圈通电吸合，KM1 的常开辅助

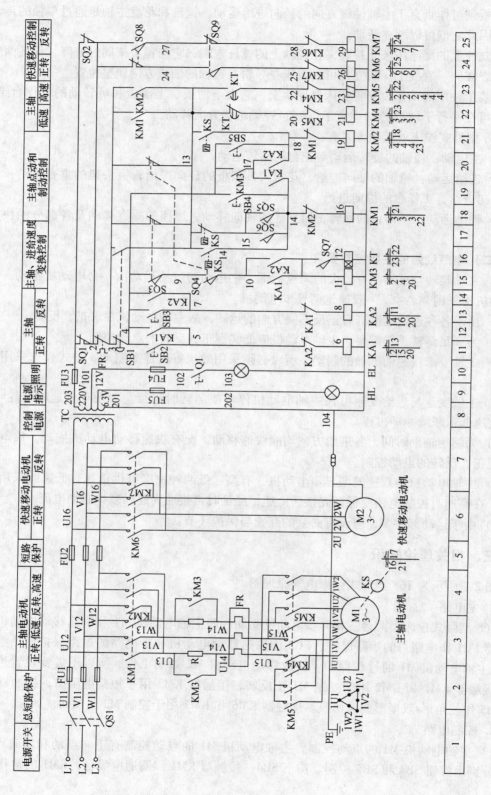

图 2-7 T68 型卧式镗床电气原理图

触头(3-13)闭合，使接触器 KM4 线圈通电吸合，三相电源经 KM1 的主触头，电阻 R 和 KM4 的主触头接通主轴电动机 M1 的定子绕组，接法为三角形联结，使电动机在低速下正向旋转。松开 SB4 主轴电动机断电停止。

反向点动控制与正向点动控制过程相似，由按钮 SB5、接触器 KM2、KM4 来实现。

2）主轴电动机 M1 的正、反转控制。当要求主轴电动机正向低速旋转时，行程开关 SQ7 的触头(11-12)处于断开位置，主轴变速和进给变速行程开关 SQ3(4-9)、SQ4(9-10)均为闭合状态。按下正转起动按钮 SB2，中间继电器 KA1 线圈通电吸合，它有三对常开触头，KA1 常开触头(4-5)闭合自锁；KA1 常开触头(10-11)闭合，接触器 KM3 线圈通电吸合，KM3 主触头闭合，电阻 R 短接；KA1 常开触头(17-14)闭合和 KM3 的常开辅助触头(4-17)闭合，使接触器 KM1 线圈通电吸合，并将 KM1 线圈自锁。KM1 的常开辅助触头(3-13)闭合，接通主轴电动机低速用接触器 KM4 线圈，使其通电吸合。由于接触器 KM1、KM3、KM4 的主触头均闭合，故主轴电动机在全电压、定子绕组三角形联结下直接起动，低速运行，空载转速为 1500r/min。

反转只需按下反转起动按钮 SB3 即可，动作原理同正转。但是反向起动旋转所用的电器为中间继电器 KA2，接触器 KM3、KM2、KM4、KM5，时间继电器 KT。

3）主轴电动机反接制动的控制。当主轴电动机正转时，速度继电器 KS 正转，KS 常开触头(13-18)闭合，而正转的 KS 常闭触头(13-15)断开。主轴电动机反转时，速度继电器 KS 反转，KS 常开触头(13-14)闭合，为主轴电动机正转或反转停止时的反接制动做准备。按停止按钮 SB1 后，主轴电动机的电源反接，迅速制动，转速降至速度继电器的复位转速时，其常开触头断开，自动切断三相电源，主轴电动机停转。具体的反接制动过程如下：

设主轴电动机为低速正转时，电器 KA1、KM1、KM3、KM4 的线圈通电吸合，KS 的常开触头 KS(13-18)闭合。按下 SB1 时，SB1 的常闭触头(3-4)先断开，使 KA1、KM3 线圈断电，KA1 的常开触头(17-14)断开，又使 KM1 线圈断电，一方面使 KM1 的主触头断开，主轴电动机脱离三相电源，另一方面使 KM1(3-13)分断，使 KM4 断电；SB1 的常开触头(3-13)随后闭合，使 KM4 重新吸合，此时主轴电动机由于惯性转速还很高，KS(13-18)仍闭合，故使 KM2 线圈通电吸合，KM2 的主触头闭合，使三相电源反接后经电阻 R、KM4 的主触头接到主轴电动机定子绕组，进行反接制动。当转速接近零时，KS 正转常开触头 KS(13-18)断开，KM2 线圈断电，反接制动完毕。

反转时的制动过程与正转制动过程相似，但是所用的电器是 KM1、KM4、KS 的反转常开触头 KS(13-14)。

4）主轴电动机的高、低速控制。若选择主轴电动机 M1 在低速(△联结)运行，可通过变速手柄使变速行程开关 SQ7(11-12)处于断开位置，相应的时间继电器 KT 线圈断电，接触器 KM5 线圈也断电，电动机只能由接触器 KM4 接成△联结。

如果需要电动机在高速运行，应首先通过变速手柄使限位开关 SQ7 压合，然后按正转起动按钮 SB2(或反转起动按钮 SB3)，KA1 线圈(反转时应为 KA2 线圈)获电吸合，时间继电器 KT 和接触器 KM3 线圈同时获电吸合。由于 KT 两对触头延时动作，故 KM4 线圈先获电吸合，电动机 M1 接成△联结低速起动，KT 的常闭触头(13-20)延时断开，KM4 线圈断电释放，KT 的常开触头(13-22)延时闭合，KM5 线圈通电吸合，电动机 M1 接成丫丫联结，高速(空载转速为 3000r/min)运行。

5）主轴变速及进给变速控制。主轴或进给变速既可以在停车时进行，又可以在镗床运行中变速。为使变速齿轮更好啮合，可接通主轴电动机的缓慢转动。

当主轴变速时，将变速操作盘拉出，与变速操作盘有机械联系的行程开关 SQ3 不再受压，SQ3 常开触头（4-9）恢复断开，接触器 KM3 线圈断电，主电路中接入电阻 R，KM3 的常开辅助触头（4-17）断开，使 KM1 线圈断电，主轴电动机脱离三相电源。所以，该机床可以在运行中变速，主轴电动机能自动停止。旋转变速操作盘，选好所需的转速后，将变速操作盘推入。在此过程中，若滑移齿轮的齿和固定齿轮的齿发生顶撞，则变速操作盘不能推回原位，行程开关 SQ5 的常开触头（15-14）被压合，接触器 KM1、KM4 线圈通电吸合，主轴电动机经电阻 R 在低速下正向起动，接通瞬时点动电路。主轴电动机转动转速达某一转速时，速度继电器 KS 正转常闭触头 KS（13-15）断开，接触器 KM1 线圈断电，而 KS 正转常开触头（13-18）闭合，使 KM2 线圈通电吸合，主轴电动机反接制动。当转速降到 KS 的复位转速后，则 KS 常闭触头（13-15）又闭合，KS 常开触头（13-18）又断开，重复上述过程。这种间歇的起动、制动，使主轴电动机缓慢旋转，以利于齿轮的啮合。若变速操作盘退回原位，则 SQ3 常闭触头（3-13）被压合，SQ5 常开触头（15-14）恢复断开，切断控制电路。SQ3 的常开触头（4-9）闭合，使 KM3 线圈通电吸合，其常开触头（4-17）闭合，又使 KM1 线圈通电吸合，主轴电动机在新的转速下重新起动。

进给变速时的缓慢转动控制过程与主轴变速相同，不同的是使用的电器是行程开关 SQ4、SQ6。

6）T68 型卧式镗床的主轴箱（包括尾座）的垂直进给、工作台的纵向和横向进给、主轴的轴向进给等的快速移动，是由快速手柄操纵快速移动电动机 M2 通过齿轮、齿条等来完成的。当快速手柄扳向正向快速位置时，行程开关 SQ9 被压合，接触器 KM6 线圈通电吸合，快速移动电动机 M2 正转。同理，当快速手柄扳向反向快速位置时，行程开关 SQ8 被压动，KM7 线圈通电吸合，M2 反转。

7）主轴与工作台的互锁保护。为了防止在工作台或主轴箱自动快速进给时又将主轴进给手柄扳到自动快速进给的误操作，就采用了与工作台和主轴箱进给手柄有机械联接的行程开关 SQ1（在工作台后面）。当上述手柄扳在工作台（或主轴箱）自动快速进给的位置时，SQ1 被压断开。同样在主轴箱上还装有另一个行程开关 SQ2，它与主轴进给手柄有机械联接，当这个手柄动作时，SQ2 也受压分断。电动机 M1 和 M2 必须在行程开关 SQ1 和 SQ2 中有一个处于闭合状态时，才可以起动。如果工作台（或主轴箱）在自动进给（此时 SQ1 断开）时，再将主轴进给手柄扳到自动进给位置（SQ2 也断开），那么电动机 M1 和 M2 便都自动停车，从而达到互锁保护的目的。

T68 型卧式镗床电气原理图中各电气元件符号及其功能说明见表 2-5。

表 2-5　T68 型卧式镗床电气原理图中各电气元件符号及其功能说明

符号	名称及用途	符号	名称及用途
M1	主轴电动机	KM3	短接限流电阻接触器
M2	快速移动电动机	KM4	主轴低速接触器
KM1	主轴电动机正转接触器	KM5	主轴高速接触器
KM2	主轴电动机反转接触器	KM6	M2 正转接触器

（续）

符号	名称及用途	符号	名称及用途
KM7	M2 反转接触器	SQ3	主轴变速行程开关
KA1	接通主轴正转中间继电器	SQ4	进给变速行程开关
KA2	接通主轴反转中间继电器	SQ5	主轴变速冲动行程开关
KT	高速延时起动时间继电器	SQ6	进给变速冲动行程开关
KS	反接制动控制速度继电器	SQ7	接通主轴电动机高速挡行程开关
SB1	主轴停止按钮	SQ8	M2 反转快速移动行程开关
SB2	主轴正向起动按钮	SQ9	M2 正转快速移动行程开关
SB3	主轴反向起动按钮	TC	控制变压器
SB4	主轴正向点动按钮	FR	主轴电动机过载保护热继电器
SB5	主轴反向点动按钮	FU1～FU4	熔断器
SQ1	主轴自动进刀与工作台	QS	电源隔离开关
SQ2	自动进给间的互锁行程开关	R	M1 反接制动电阻

四、拓展知识——T68 型卧式镗床电气线路的故障与维修

T68 型卧式镗床常见故障的判断和处理方法和车床、铣床大致相同。但由于镗床的机械-电气互锁较多，又采用了双速电动机，在运行中会出现一些特有的故障。

1）主轴的实际转速比标牌指示数增加或减少一倍。

T68 型卧式镗床有 18 种转速，是采用双速电动机和机械滑移齿轮来实现的。变速后，1、2、4、6、8、…挡是电动机以低速运转驱动，而 3、5、7、9、…挡是电动机以高速运转驱动。主轴电动机的高低速转换是靠行程开关 SQ7 的通断实现，行程开关 SQ7 安装在主轴调速手柄的旁边，主轴调速机构转动时推动一个撞钉，撞钉推动簧片使 SQ7 通或断，如果安装调整不当，使 SQ7 动作恰恰相反，则会发生主轴的实际转速比标牌指示数增加或减少一倍。

2）电动机的转速没有高速挡或者没有低速挡。

常见的是时间继电器 KT 不动作，或行程开关 SQ7 安装的位置移动，造成 SQ7 始终处于接通或断开的状态等。如 KT 不动作或 SQ7 始终处于断开状态，则主轴电动机 M1 只有低速；若 SQ7 始终处于接通状态，则 M1 只有高速。

3）主轴变速手柄拉出后，主轴电动机不能冲动。

若变速手柄拉出后，主轴电动机 M1 仍以原来转向和转速旋转，则是由于行程开关 SQ3 的常开触头 SQ3(4-9)由于质量等原因绝缘被击穿造成。

若变速手柄拉出后，M1 能反接制动，但制动到转速为零时，不能进行低速冲动，则是由于行程开关 SQ3 和 SQ5 的位置移动、触头接触不良等，使触头 SQ3(3-13)、SQ5(15-14)不能闭合或速度继电器的常闭触头 KS(13-15)不能闭合所致。

4）主轴电动机 M1 不能进行正反转点动、制动及主轴和进给变速冲动控制。

如果伴随着不能进行低速运行，则故障可能在控制电路 13—20—21—KM4 线圈—104 中有断开点，否则，故障可能在主电路的制动电阻器 R 及引线上有断开点，若主电路仅断

开一相电源时，电动机还会伴有缺相运行时发出的嗡嗡声。

5）主轴电动机正转点动、反转点动正常，但不能正反转。

故障可能在控制电路 4—9—10—11—KM3 线圈—104 中有断开点。

6）主轴电动机正转、反转均不能自锁。

故障可能在 4—KM3(4-17)常开触头—17 中。

7）主轴电动机不能制动。

故障可能有：①速度继电器损坏；②SB1 中的常开触头接触不良；③3、13、14、16 号线中有脱落或断开；④KM2(14-16)、KM1(18-19)触头不通。

8）主轴电动机点动、低速正反转及低速接制动均正常，但高、低速转向相反，且当主轴电动机高速运行时，不能停机。

故障可能是误将三相电源在主轴电动机高速和低速运行时，都接成同相序所致，把 1U2、1V2、1W2 中任两根对调即可。

9）不能快速进给。

故障可能在 2—24—25—26—KM6 线圈—104 中有断路。

习　题　2

2-1　C650 型卧式车床电路由哪些基本控制环节组成？

2-2　C650 型卧式车床控制电路中具有哪些互锁与保护？为什么要有这些互锁与保护？它们是如何实现的？

2-3　在 C650 型卧式车床电路中，若发生下列故障，试分别分析其故障原因：

1）主轴电动机 M1 不能起动；

2）冷却泵电动机 M2 不能起动；

3）快速移动电动机 M3 不能起动。

2-4　试分析 C650 型卧式车床主轴电动机起动后按下停止按钮不能停车的原因。

2-5　X62W 型万能铣床电路由哪些基本控制环节组成？

2-6　X62W 型万能铣床控制电路中具有哪些互锁与保护？为什么要有这些互锁与保护？它们是如何实现的？

2-7　试述 X62W 型铣床工作台快速移动的方法。

2-8　X62W 型万能铣床中，主轴旋转工作时变速与主轴未转时变速其电路工作情况有何不同？

2-9　在 X62W 型万能铣床电路中，若发生下列故障，请分别分析其故障原因：

1）主轴停车时，正反向都没有制动作用；

2）进给运动中，能向上、后、左运动，不能向前、右、下运动；

3）进给运动中，能向上、下、左、右、前运动，不能向后运动；

4）进给运动中，能向上、下、右、前、后运动，不能向左运动。

2-10　T68 型卧式镗床起动与制动有何特点？

2-11　简述 T68 型卧式镗床主轴电动机低速反转时的起动过程。

2-12　T68 型卧式镗床中的 SQ3、SQ4 正常处于什么状态？并说明它们的作用。

2-13　T68 型卧式镗床电路中的 SQ1 和 SQ2 有何作用？

2-14　如果 T68 型卧式镗床低速能起动，高速不能起动，试分析故障原因。

项目 3

三相异步电动机的 PLC 控制

教学目标

1. 掌握 PLC 基本指令的格式、使用方法。
2. 能熟练使用定时器、计数器。
3. 会用 PLC 实现对三相异步电动机的各种控制。
4. 能调试、排除三相异步电动机控制电路的常见故障。

模块1　三相异步电动机基本电路的 PLC 控制

一、工作任务

1. 分析三相异步电动机的正反转控制电路、丫-△减压起动控制电路与顺序起动控制电路的结构和工作原理。

2. 完成 PLC 梯形图的设计。

二、相关实践知识

（一）三相异步电动机正反转控制

设计三相异步电动机正反转控制程序，要求：按正转按钮电动机正转，按反转按钮电动机反转；为了防止主电路短路，正反转切换时，必须先按下停止按钮后才能再起动。

用 PLC 实现三相异步电动机正反转控制 I/O 地址分配表见表3-1，其硬件接线图如图3-1所示。按原理图接好线，将相应的控制程序输入 PLC 中调试好后，按下正向起动按钮 SB1，输出继电器 Y000 接通，电动机正转；按下停止按钮 SB3，输出继电器 Y000 断开，电动机停止正转；按下反向起动按钮 SB2，输出继电器 Y001 接通，电动机反转。若要模拟电动机过载，可人为将热继电器 FR 的常闭触头断开，电动机停转。三相异步电动机正反转控制的梯形图与指令语句表如图3-2所示。

表3-1　I/O 地址分配表

输　入	X000：正向起动按钮 SB1	输　出	Y000：正转控制接触器 KM1
	X001：反向起动按钮 SB2		Y001：反转控制接触器 KM2
	X002：停止按钮 SB3		

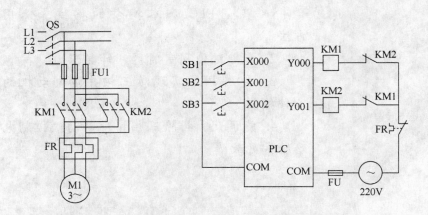

图 3-1　三相异步电动机正反转控制的硬件接线图

（二）三相异步电动机丫-△减压起动控制

设计一个三相异步电动机星形-三角形减压起动控制程序，要求：合上电源开关，按下起动按钮 SB1 后，电动机以星形联结起动，开始转动5s后，星形起动结束，自动换接成三

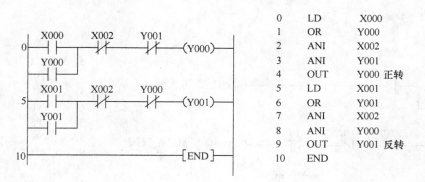

图 3-2　三相异步电动机正反转控制的梯形图与指令语句表

角形联结，电动机全压运转；具有短路与过载保护。

三相异步电动机丫-△减压起动控制的主电路如图 3-3 所示；I/O 接线图如图 3-4 所示；I/O 分配与定时器分配表见表 3-2；梯形图如图 3-5 所示。指令语句表如图 3-6 所示。

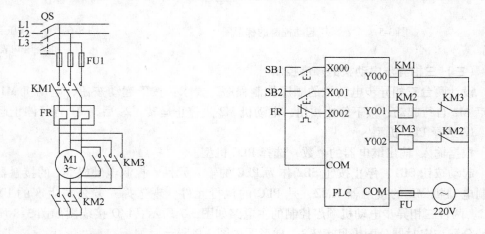

图 3-3　丫-△减压起动控制的主电路　　　　　　图 3-4　I/O 接线图

表 3-2　I/O 分配与定时器分配表

输　入	X000：停止按钮 SB1	输　出	Y000：电源引入控制接触器 KM1
	X001：正向起动按钮 SB2		Y001：星形联结接触器 KM2
	X002：热继电器 FR 常闭触头		Y002：三角形联结接触器 KM3
		定时器	T0：星形-三角形转换时间 5s

用 PLC 实现三相异步电动机丫-△减压起动控制的工作原理是：按图 3-3 和图 3-4 接好线，将相应的控制程序输入 PLC 中调试好后，按下按钮 SB1，输出继电器 Y000、Y001 接通，电动机定子绕组接成星形，电动机开始减压起动，延时 5s 后，输出继电器 Y001 断开，而输出继电器 Y002 接通，电动机定子绕组接成三角形进入全压运行。

若电动机过载，则热继电器的常闭触头断开，X002 由 ON 变为 OFF，使输出继电器 Y000 和 Y002 变为 OFF，接触器 KM1 线圈断电，KM1 主触头断开，电动机断电停转，从而起到过载保护的作用。

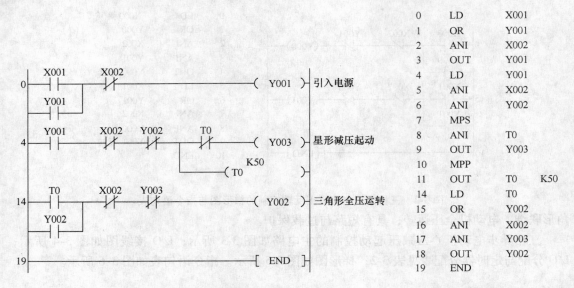

0	LD	X001
1	OR	Y001
2	ANI	X002
3	OUT	Y001
4	LD	Y001
5	ANI	X002
6	ANI	Y002
7	MPS	
8	ANI	T0
9	OUT	Y003
10	MPP	
11	OUT	T0 K50
14	LD	T0
15	OR	Y002
16	ANI	X002
17	ANI	Y003
18	OUT	Y002
19	END	

图 3-5 Y-△减压起动控制的梯形图

图 3-6 Y-△减压起动控制
指令语句表

(三) 三相异步电动机的顺序控制

设计两台三相异步电动机的顺序控制程序,要求:按下起动按钮,电动机 M1 先起动,5s 后 M2 自行起动;按下停止按钮,电动机 M2 先停止运转,2s 后,M1 自行停止运转。

1. 选择 PLC 机型

根据输入/输出继电器的个数,选择 PLC 机型。

起动按钮 SB1、停止按钮 SB2 作为 PLC 的输入元件,控制电动机 M1 的接触器 KM1 与控制电动机 M2 的接触器 KM2,是 PLC 的执行元件。现选择三菱公司生产的 FX2N 小型 PLC。两台三相异步电动机顺序控制的主电路如图 3-7 所示;I/O 接线图如图 3-8 所示;I/O 地址分配与定时器分配表见表 3-3;梯形图如图 3-9 所示。

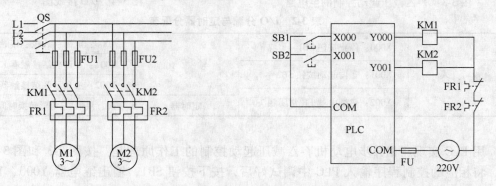

图 3-7 两台三相异步电动机顺序控制的主电路

图 3-8 I/O 接线图

用 PLC 实现三相异步电动机顺序控制的工作原理是:按图 3-7 和图 3-8 接好线,将相应的控制程序输入 PLC 中调试好后,按下起动按钮 SB1,输出继电器 Y000 接通,电动机 M1 起动运转,定时器 T1 开始计时,5s 后输出继电器 Y001 接通,电动机 M2 自行起动运转;按下停止按钮 SB2,输出继电器 Y001 断开,电动机 M2 停止运转,同时 T2 开始计时,2s 后,

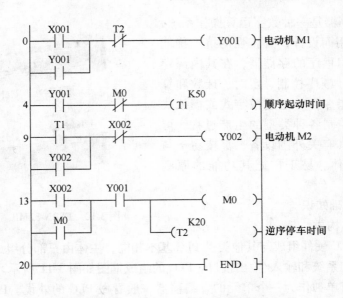

图 3-9 两台三相异步电动机顺序控制的梯形图

输出继电器 Y000 断开，M1 自行停止运转。

表 3-3 I/O 地址分配与定时器分配表

输　入	X000：起动按钮 SB1	输　出	Y001：控制 M2 接触器 KM2
	X001：停止按钮 SB2	定 时 器	T1 控制顺序起动时间 5s
输　出	Y000：控制 M1 接触器 KM1		T2 控制逆序停转时间 2s

2. 电器元件明细表

两台电动机顺序控制的电器元件明细见表 3-4。

表 3-4 电器元件明细表

名　称	代　号	型　号	数　量
刀开关	QS	HK1	1
按钮	SB	LA4-3H	1
熔断器	FU	RL1	7
接触器	KM	CJ20	2
热继电器	FR	JR16	2
可编程序控制器	PLC	FX2N	1

3. 可编程序控制器

三菱 FX2N 系列 PLC 外形图如图 3-10 所示。

三、相关理论知识

可编程序控制器是一种以 CPU 为核心的计算机工业控制装置，由于其良好的性能价格比和稳定的工作状态以及简便的操作性，已经广泛应用于生产实际中。

/// 电气控制与 PLC(三菱 FX 机型)

可编程序控制器是一种数字运算操作系统,专为工业环境应用而设计,有较强的抗干扰能力。它采用了可编程序的存储器,在其内部存储执行逻辑运算、顺序控制、定时、计数和算术运算等操作的指令,并通过数字式或模拟式的输入和输出,控制各种类型的生产过程。可编程序控制器及其有关外围设备,都按易于与工业系统联成一体、易于扩充其功能的原则设计。

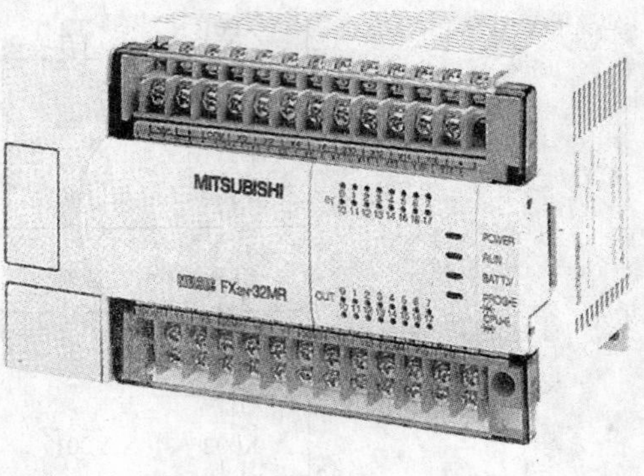

(一) PLC 基础知识

图 3-10　FX2N-32MR 型 PLC 外形图

1. PLC 的基本构成

FX2N 系列 PLC 硬件组成与其他类型 PLC 基本相同,主体由三部分组成,主要包括中央处理器 CPU、存储系统和输入/输出接口。PLC 的组成框图如图 3-11 所示。系统电源有些在 CPU 模块内,也有单独作为一个单元的。编程器一般看做 PLC 的外设。PLC 内部采用总线结构,进行数据和指令的传输。

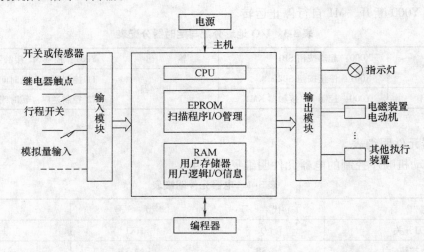

图 3-11　PLC 的组成框图

外部的开关信号、模拟信号以及各种传感器检测信号作为 PLC 的输入变量,它们经 PLC 的输入端子进入 PLC 的输入存储器,收集和暂存被控对象实际运行的状态信息和数据;经 PLC 内部运算与处理后,按被控对象实际动作要求产生输出结果;输出结果送到输出端子作为输出变量,驱动执行机构。PLC 的各部分协调一致地实现对现场设备的控制。

(1) 中央处理器 CPU　CPU 的主要作用是解释并执行用户及系统程序,通过运行用户及系统程序完成所有控制、处理、通信以及所赋予的其他功能,控制整个系统协调一致地工作。常用的 CPU 主要有通用微处理器、单片机和双极型位片机。

(2) 存储器模块　随机存取存储器 RAM 用于存储 PLC 内部的输入/输出信息,并存储内部继电器(软继电器)、移位寄存器、数据寄存器、定时器/计数器以及累加器等的工作状态,还可存储用户正在调试和修改的程序以及各种暂存的数据、中间变量等。

只读存储器 ROM 用于存储系统程序。可擦除可编程序的只读存储器 EPROM 主要用来存放 PLC 的操作系统和监控程序，如果用户程序已完全调试好，也可将程序固化在 EPROM 中。

（3）输入/输出模块　可编程序控制器是一种工业控制计算机系统，它的控制对象是工业生产过程，它与工业生产过程的联系也是通过输入/输出(I/O)模块实现的。I/O 模块是可编程序控制器与生产过程相联系的桥梁。

PLC 连接的过程变量按信号类型划分可分为开关量（即数字量）、模拟量和脉冲量等，相应输入/输出模块可分为开关量输入模块、开关量输出模块、模拟量输入模块、模拟量输出模块和脉冲量输入模块等。

（4）编程器　编程器是 PLC 必不可少的重要外部设备。编程器将用户所希望的功能通过编程语言送到 PLC 的用户程序存储器中。编程器不仅能对程序进行写入、读出、修改，还能对 PLC 的工作状态进行监控，同时也是用户与 PLC 之间进行人机对话的界面。随着 PLC 的功能不断增强，编程语言多样化，编程已经可以在计算机上完成。具体介绍将在项目 4 中详细说明。

2. PLC 的工作方式

在继电器控制电路中，当某些梯级同时满足导通条件时，这些梯级中的继电器线圈会同时通电，也就是说，继电器控制电路是一种并行工作方式。PLC 是采用循环扫描的工作方式，在 PLC 执行用户程序时，CPU 对梯形图自上而下、自左向右地逐次进行扫描，程序的执行是按语句排列的先后顺序进行的。这样，PLC 梯形图中各线圈状态的变化在时间上是串行的，不会出现多个线圈同时改变状态的情况，这是 PLC 控制与继电器控制最主要的区别。

（1）PLC 的循环扫描工作方式　PLC 采用循环扫描的工作方式，它可以看成是一种由系统软件支持的扫描设备，不论用户程序运行与否，都周而复始地进行循环扫描，并执行系统程序规定的任务。每一个循环所经历的时间称为一个扫描周期。每个扫描周期又分为几个工作阶段，每个工作阶段完成不同的任务。图 3-12 是 PLC 的扫描工作流程图。

PLC 的工作过程可以分为四个扫描阶段。

1）一般处理扫描阶段。在此扫描阶段 PLC 复位监视定时器（Watch-dog Timer，WDT），WDT 是一个硬件时钟。WDT 的设定时间一般为 150~200 ms，而一般系统的扫描时间为 50~60 ms。有些 PLC 中，用户可以对 WDT 的时间进行修改（修改方法在使用手册中给出）。检查 I/O 总线和程序存储器。

2）执行外设命令扫描阶段。用户程序通过编程器写入 PLC，以及用编程器进行在线监视和修改时，CPU 将总线的控制权交给编程器，CPU 处于被动状态。当编程器完成处理工作或达到信息交换的规定时间，CPU 重新得到总线权，并恢复主动状态。

在这一扫描阶段，用户可以通过编程器修改内存程序，启动或停止 CPU，读 CPU 状态，封锁或开放输入/输出，对逻辑变量和数字变量进行读写等。

3）执行用户程序扫描阶段。PLC 处于运行状态时，一个扫描周期中包含了用户程序扫描阶段。在用户程序扫描阶段，对应于用户程序存储器所存的指令，PLC 从输入状态暂存区和其他软元件的状态暂存区中将有关元件的通/断状态读出，从第一条指令开始顺序执行，每一步的执行结果均存入输出状态暂存区。

4）数据输入/输出扫描阶段。CPU 在执行用户程序时，使用的输入值不是直接从实际输入端得到的，运算的结果也不直接送到实际输出端，而是在内存中设置了两个暂存区，一

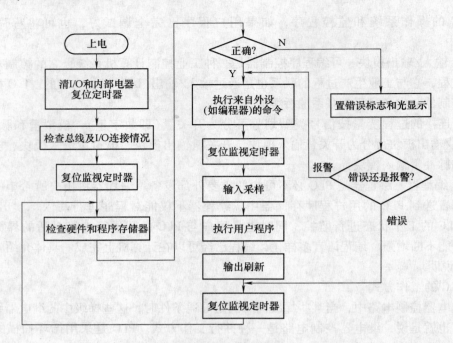

图 3-12　PLC 的扫描工作流程图

个是输入暂存区(或称输入映像寄存器),一个是输出暂存区(或称输出映像寄存器)。用户程序中所用到的输入值是输入状态暂存区的值,运算结果放在输出状态暂存区中。图 3-13 给出了用户程序执行阶段与 I/O 服务阶段的信息流程图。在输入服务(输入采样及输入刷新)扫描过程中,CPU 将实际输入端的状态读入输入状态暂存区。在输出服务(输出刷新与锁存)扫描过程中,CPU 将输出状态暂存区的值同时传送到输出状态锁存器。

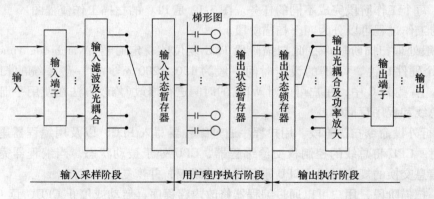

图 3-13　用户程序执行阶段与 I/O 服务阶段的信息流程图

由于输入/输出暂存区的设置,使 PLC 对输入/输出的处理具有以下特点:

输入状态暂存区的数据取决于输入服务阶段各实际输入点的通/断状态。在用户程序执行阶段,输入状态暂存区的数据不再随输入的变化而变化。

在用户程序执行阶段,输出状态暂存区的内容随程序执行结果不同而随时改变,但输出状态锁存器的内容不变。

在输出服务阶段,将用户程序执行阶段的最终结果由输出状态暂存区传递到输出状态锁存器。输出端子的状态由输出状态锁存器决定。

（2）PLC 的输入/输出响应的滞后现象 由于 PLC 采用循环扫描的工作方式，而且对输入和输出信号只在每个扫描周期的 I/O 刷新阶段集中输入并集中输出，所以必然会产生输出信号相对输入信号的滞后现象。扫描周期越长，滞后现象越严重。但是一般扫描周期只有十几毫秒，最多几十毫秒，因此在慢速控制系统中，可以认为输入信号一旦变化就立即能进入输入映像寄存器中，其对应的输出信号也可以认为是及时的，而在要求快速响应的控制中就成了需要解决的问题。

响应时间的大小与以下因素有关：

1）输入滤波的时间常数（输入延迟）。

2）输出继电器的机械滞后（输出延迟）。

3）PLC 的循环扫描工作方式。

4）PLC 的输入采样、输出刷新的特殊处理方式。

5）用户程序中语句的安排，程序的优化。

其中 3）、4）是由 PLC 的工作原理决定的，无法改变。而 1）、2）、5）并非 PLC 固有的，可以改变，例如有的 PLC 用晶闸管或晶体管作输出功率放大，则滞后较小。

3. PLC 的分类

（1）按容量分 大致可分为小、中、大三种类型。

1）小型 PLC。

其 I/O 总点数一般小于或等于 256 点。其特点是体积小、结构紧凑，整个硬件融为一体，除了开关量 I/O 以外，还可以连接模拟量 I/O 以及其他各种特殊功能模块。它能执行包括逻辑运算、计时、计数、算术运算、数据处理和传送、通信联网以及各种应用指令。如三菱的 FX 系列、OMRON 的 C * P 系列、CQM 系列，SIMENS 的 S7-200 系列。

2）中型 PLC。

其 I/O 总点数通常从 256 点至 2048 点，内存在 8KB 以下，I/O 的处理方式除了采用一般 PLC 通用的扫描处理方式外，还能采用直接处理方式，即在扫描用户程序的过程中，直接读输入、刷新输出。它能连接各种特殊功能模块，通信联网功能更强，指令系统更丰富，内存容量更大，扫描速度更快。如三菱的 Q，OMRON 的 C200P/H，SIMENS 的 S7-300 系列。

3）大型 PLC。

一般 I/O 点数在 2048 点以上的称为大型 PLC。大型 PLC 的软、硬件功能极强，具有极强的自诊断功能。通信联网功能强，有各种通信联网的模块，可以构成三级通信网，实现工厂生产管理自动化。如 OMRON 的 C500P/H、C1000P/H，SIMENS 的 S7-400 系列。

（2）按硬件结构分 按硬件结构分可将 PLC 分为整体式 PLC、模块式 PLC、叠装式 PLC 三类。

1）整体式 PLC。

它是将 PLC 各组成部分集装在一个机壳内，输入/输出接线端子及电源进线分别在机箱的上、下两侧，并有相应的发光二极管显示输入/输出状态。面板上留有编程器的插座、EPROM 存储器插座、扩展单元的接口插座等。编程器和主机是分离的，程序编写完毕后即可拔下编程器。

具有这种结构的可编程序控制器结构紧凑、体积小、价格低。小型 PLC 一般采用整体式结构，如 FX0S、FX1S、FX0N、FX1N、FX2N 等系列的产品。

2）模块式 PLC。

输入/输出点数较多的大、中型和部分小型 PLC 采用模块式结构。

模块式 PLC 采用积木搭接的方式组成系统，便于扩展，其 CPU、输入/输出、电源等都是独立的模块，有的 PLC 的电源包含在 CPU 模块之中。PLC 由框架和各模块组成，各模块插在相应插槽上，通过总线连接。PLC 厂家备有不同槽数的框架供用户选用。用户可以选用不同档次的 CPU 模块、品种繁多的 I/O 模块和其他特殊模块，硬件配置灵活，维修时更换模块也很方便。采用这种结构形式的 PLC 有 SIEMENS 的 S5 系列、S7-300、400 系列，OM-RON 的 C500、C1000H 及 C2000H 等以及小型 CQM 系列，三菱 MELSEC-Q 系列等。

3）叠装式 PLC。

上述两种结构各有特色，整体式 PLC 结构紧凑、安装方便、体积小，易于与被控设备组成一体，但有时系统所配置的输入/输出点不能被充分利用，且不同 PLC 的尺寸大小不一致，不易安装整齐；模块式 PLC 点数配置灵活，但是尺寸较大，很难与小型设备连成一体。为此开发了叠装式 PLC，它吸收了整体式和模块式 PLC 的优点，其基本单元、扩展单元等高等宽，它们不用基板，仅用扁平电缆连接，紧密拼装后组成一个整齐的体积小巧的长方体，而且 I/O 点数的配置也相当灵活。带扩展功能的 PLC，扩展后的结构即为叠装式 PLC，如图 3-14 所示的三菱公司带扩展单元的 FX2N 系列 PLC 外形图。

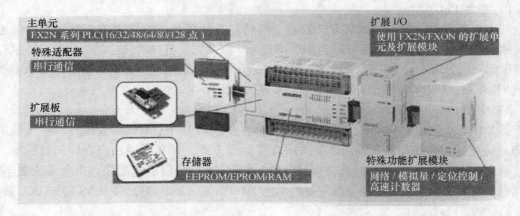

图 3-14　三菱公司带扩展单元的 FX2N 系列 PLC 的外形图

4. PLC 的编程语言

可编程序控制器目前常用的编程语言有以下几种：梯形图语言、助记符语言、顺序功能图、功能块图和某些高级语言。手持编程器多采用助记符语言，计算机软件编程采用梯形图语言，也有采用顺序功能图及功能块图的。

（1）梯形图语言　梯形图沿用了原电气控制系统中的继电器-接触器控制电路图的形式，二者的基本构思是一致的，只是使用符号和表达方式有所区别。

例如某一过程控制系统中，工艺要求开关 X001 闭合 40s 后，指示灯 Y000 亮，按下开关 X002 后指示灯熄灭。采用三菱 FX2N 系列 PLC 实现控制。图 3-15a 为实现这一功能的梯形图程序，它是由若干个梯级组成的，每一个输出元素构成一个梯级，而每个梯级可由多条支路组成。

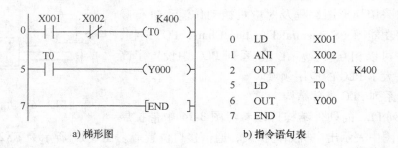

图 3-15 PLC 梯形图与指令语句表

梯形图从上至下按行编写，每一行则按从左至右的顺序编写。CPU 将按自左到右，从上而下的顺序执行程序。梯形图的左侧竖直线称母线（源母线）。梯形图的左侧安排输入触点（如果有若干个触点相并联的支路应安排在最左端）和辅助继电器触点（运算中间结果），最右边必须是输出元件。

梯形图中的输入触点只有两种：常开触点和常闭触点，这些触点可以是 PLC 的外接开关对应的内部映像触点，也可以是 PLC 内部继电器触点，或内部定时器、计数器的触点。每一个触点都有自己特殊的编号，以示区别。同一编号的触点可以有常开和常闭两种状态，使用次数不限。因为梯形图中使用的"继电器"对应 PLC 内的存储区某字节或某位，所用的触点对应于该位的状态，可以反复读取，故人们称 PLC 有无限对触点。梯形图中的触点可以任意的串联、并联。

梯形图中的输出线圈对应 PLC 内存的相应位，输出线圈包括输出继电器线圈、辅助继电器线圈以及计数器、定时器线圈等，其逻辑动作只有线圈接通后，对应的触点才可能发生动作。用户程序运算结果可以立即为后续程序所利用。

（2）助记符语言 助记符语言又称命令语句表达式语言，它常用一些助记符来表示 PLC 的某种操作。它类似微机中的汇编语言，但比汇编语言更直观易懂。用户可以很容易地将梯形图语言转换成助记符语言。图 3-15b 所示为梯形图对应的用助记符表示的指令语句表。

这里要说明的是：不同厂家生产的 PLC 所使用的助记符各不相同，因此同一梯形图写成的助记符语句不相同。用户在将梯形图转换为助记符时，必须先弄清 PLC 的型号及内部各器件编号、使用范围和每一条助记符的使用方法。

（3）顺序功能图 顺序功能图（SFC）是用来描述开关量控制系统的功能，常用来编制顺序控制程序，顺序功能图提供了一种组织程序的图形方法，根据它可以很容易地画出顺控梯形图。详情请见项目5。

（4）功能块图 功能块图是一种类似于数字逻辑电路的编程语言，用类似与门、或门的方框来表示逻辑运算关系，方块左侧为逻辑运算的输入变量，右侧为输出变量，输入端、输出端的小圆点表示"非"运算，信号自左向右流动。类似于电路一样，方框被"导线"连接在一起。

图 3-16 所示为功能块图示例。

（二）FX2N 系列 PLC 硬件认识

三菱公司的 FX 系列 PLC 是比较具有代表性的小型 PLC，除具有基本的指令语句表编程以外，还可以采用梯形图编程及对应机械动作流程进行顺序设计的顺序功能图（Sequential Function Chart，SFC）编程，而且这些程序可以相互转换。在 FX 系列 PLC 中设置了高速计数器，扩大了 PLC 的应用领域。

图 3-16　功能块图

1. FX2N 系列 PLC 外部结构

FX2N 系列 PLC 的硬件结构可以参考图 3-14 中带扩展模块的 PLC，图中表示出主机如何扩展，通信接口位置等。图 3-17 所示为 FX2N-64MR PLC 的外部结构图。其面板部件如图中注释。FX2N-64MR 输出端子接线图如图 3-18 所示。FX2N-64MR PLC 采用继电器输出，输出侧左端 Y0 ~ Y3、Y4 ~ Y7、Y10 ~ Y13、Y14 ~ Y17 每 4 个点共用一个 COM 端，右端 Y20 ~ Y37 16 个输出点共用一个 COM 端。输出的 COM 端比输入的 COM 端要多，这主要考虑负载电源种类较多，而输入电源的类型相对较少。对于晶体管输出，其公用端子更多，图 3-19 所示为 FX2N-64MR 型 PLC 输入/输出端子图。

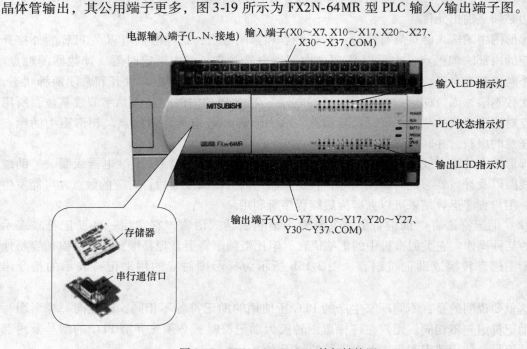

图 3-17　FX2N-64MR PLC 外部结构图

2. FX 系列 PLC 型号的含义

在 PLC 的正面，一般都有表示该 PLC 型号的符号，通过阅读该符号即可以获得该 PLC 的基本信息。FX 系列 PLC 的型号命名基本格式如下：

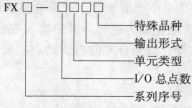

系列序号：0、0S、0N、2、2C、1S、2N、2NC。
I/O 总点数：10 ~ 256。

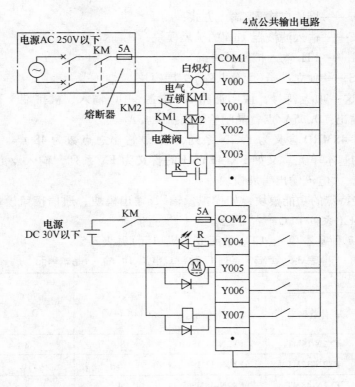

图 3-18　FX2N-64MR 输出端子接线图

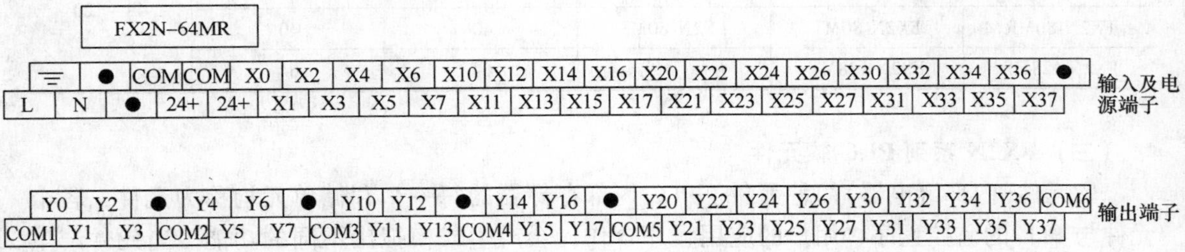

FX2N–64MR																						
⏚	●	COM	COM	X0	X2	X4	X6	X10	X12	X14	X16	X20	X22	X24	X26	X30	X32	X34	X36	●	输入及电
L	N	●	24+	24+	X1	X3	X5	X7	X11	X13	X15	X17	X21	X23	X25	X27	X31	X33	X35	X37	源端子

Y0		Y2	●	Y4	Y6	●	Y10	Y12	●	Y14	Y16	●	Y20	Y22	Y24	Y26	Y30	Y32	Y34	Y36	COM6	输出端子
COM1	Y1	Y3	COM2	Y5	Y7	COM3	Y11	Y13	COM4	Y15	Y17	COM5	Y21	Y23	Y25	Y27	Y31	Y33	Y35	Y37		

图 3-19　FX2N-64MR 型 PLC 输入/输出端子图

单元类型：M——基本单元；

　　　　　E——输入/输出混合扩展单元及扩展模块；

　　　　　EX——输入专用扩展模块；

　　　　　EY——输出专用扩展模块。

输出形式：R——继电器输出；

　　　　　T——晶体管输出；

　　　　　S——晶闸管输出。

特殊品种：D——DC 电源，DC 输入；

　　　　　A1——AC 电源，AC 输入；

　　　　　H——大电流输出扩展模块(1A/1 点)；

　　　　　V——立式端子排的扩展模块；

C——接插口输入/输出方式；

F——输入滤波器 1ms 的扩展模块；

L——TTL 输入扩展模块；

S——独立端子(无公共端)扩展模块。

若特殊品种这一项无符号，说明通指 AC 电源、DC 输入、横排端子排；继电器输出：2A/点；晶体管输出：0. 5A/点；晶闸管输出：0. 3A/点。

例如：FX2N-48MRD 含义为 FX2N 系列，输入/输出总点数为 48 点，继电器输出，DC 电源，DC 输入的基本单元。又如 FX-4EYSH 的含义为 FX 系列，输入点数为 0 点，输出 4 点，晶闸管输出，大电流输出扩展模块。

FX 还有一些特殊的功能模块，如模拟量输入/输出模块、通信接口模块及外围设备等，使用时可以参照 FX 系列 PLC 产品手册。

FX2N 系列 17 种基本单元(CPU 单元或主机单元)见表 3-5。

表 3-5   FX2N 系列 17 种(AC 电源、DC 输入)基本单元

型　　号			输入点数 （DC24V）	输出点数 （R、T）	扩展模块 可用点数
继电器输出	晶体管输出	晶闸管输出			
FX2N-16MR	FX2N-16MT	FX2N-16MS	8	8	24 ~ 32
FX2N-32MR	FX2N-32MT	FX2N-32MS	16	16	
FX2N-48MR	FX2N-48MT	FX2N-48MS	24	24	48 ~ 120
FX2N-64MR	FX2N-64MT	FX2N-64MS	32	32	
FX2N-80MR	FX2N-80MT	FX2N-80MS	40	40	
FX2N-128MR	FX2N-128MT		64	64	

（三）FX2N 系列 PLC 软元件

软元件(内部继电器)简称元件。PLC 内部存储器的每一个存储单元均称为元件，各个元件与 PLC 的监控程序、用户的应用程序合作，会产生或模拟出不同的功能。当元件产生的是继电器功能时，称这类元件为软继电器，简称继电器，它不是物理意义上的实物器件，而是一定的存储单元与程序结合的产物。后面介绍的各类继电器、定时器、计数器都指此类软元件。

元件的数量及类别是由 PLC 监控程序规定的，它的规模决定着 PLC 整体功能及数据处理的能力。我们在使用 PLC 时，应查看相关的操作手册。FX2N 系列 PLC 软元件分配表见表 3-6。

FX2N 系列 PLC 中 X 表示输入继电器，Y 表示输出继电器，输入/输出之比为 1：1，M 表示辅助继电器，S 表示状态继电器，T 表示定时器，C 表示计数器，D、V、Z 表示数据寄存器，K、H 表示常数。

（1）输入继电器(X)　输入继电器是 PLC 中用来专门存储系统输入信号的内部虚拟继电器。它又被称为输入的映像区，它可以有无数个常开触点和常闭触点，在 PLC 编程中可以随意使用。这类继电器的状态不能用程序驱动，只能用输入信号驱动。

表 3-6 FX2N 系列 PLC 软元件分配表

型号 元件	FX2N-16M	FX2N-32M	FX2N-48M	FX2N-64M	FX2N-80M	FX2N-128M	扩展时	
输入继电器 X	X000 ~ X007 8 点	X000 ~ X017 16 点	X000 ~ X027 24 点	X000 ~ X037 32 点	X000 ~ X047 40 点	X000 ~ X077 64 点	X000 ~ X177 128 点	合计256点
输出继电器 Y	Y000 ~ Y007 8 点	Y000 ~ Y017 16 点	Y000 ~ Y027 24 点	Y000 ~ Y037 32 点	Y000 ~ Y047 40 点	Y000 ~ Y077 64 点	Y000 ~ Y177 128 点	
辅助继电器 M	M0 ~ M499 500 点通用			M500 ~ M1023 524 点保持用		M8000 ~ M8255 256 点特殊用		
定时器 T	T0 ~ T199 200 点 100 ms T192 ~ T199 子程序用			T200 ~ T245 46 点 10 ms		T246 ~ T249 4 点 1 ms 累积	T250 ~ T255 6 点 100 ms 累积	
计数器 C	16 位增量计数器		32 位可逆计数器			32 位高速可逆计数器		
	C0 ~ C99 100 点通用	C100 ~ C199 100 点保持用	C200 ~ C219 20 点通用	C220 ~ C234 15 点保持用	C235 ~ C245 1 相 1 输入	C246 ~ C250 1 相 2 输入	C251 ~ C255 2 相输入	
数据寄存器 D、V、Z	D00 ~ D199 200 点通用	D200 ~ D511 312 点保持用	D1000 ~ D2999 2000 点可以设定做文件 寄存器使用			D8000 ~ D8255 256 点特殊用	V0 ~ V7 Z0 ~ Z7 16 点变址用	
嵌套指针	N0 ~ N7 8 点主控用	P0 ~ P127 128 点跳转、子程 序、分支式指针	I0□□ ~ I5□□ 6 点 输入中断指针			I6□□ ~ I8□□ 3 点 定时器中断指针	I010 ~ I060 6 点 高速计数 器中断指针	
常数	K	16 位: -32768 ~ 32767				32 位: -2147483648 ~ 2147483647		
	H	16 位: 0 ~ FFFFH				32 位: 0 ~ FFFFFFFFH		

FX 系列 PLC 的输入继电器采用八进制编号。

FX2N 系列 PLC 带扩展时，输入继电器最多可达 128 点，其编号为 X000 ~ X007、X010 ~ X017、…、X170 ~ X177。

（2）输出继电器（Y）　输出继电器是 PLC 中专门用来将运算结果信号经输出接口电路及输出端子送达并控制外部负载的虚拟继电器。它在 PLC 内部直接与输出接口电路相连，它有无数个常开触点与常闭触点，这些常开触点与常闭触点可在 PLC 编程时随意使用。外部信号无法直接驱动输出继电器，它只能用程序驱动。FX 系列 PLC 的输出继电器采用八进制编号。

FX2N 系列 PLC 带扩展时，输出继电器最多可达 128 点，其编号为 Y0 ~ Y177。

（3）辅助继电器（M）　辅助继电器有无限多对常开、常闭触点，供编程使用。辅助继电器只能由程序驱动，其作用相当于继电器控制电路中的中间继电器。辅助继电器按十进制编号。FX2N 系列 PLC 的辅助继电器按照其功能分成以下三类：

1）通用辅助继电器 M0 ~ M499（500 点）。

2）断电保持辅助继电器 M500 ~ M1023（524 点）。断电保持辅助继电器是由 PLC 内装备用电池支持的。所以在电源中断时能保持它们原来的状态不变，可用于要求保持断电前状态的控制系统。

3）特殊辅助继电器 M8000 ~ M8255(256 点)。PLC 内的特殊辅助继电器各自具有特定的功能，可以分为两类：一类只能利用其触点的特殊辅助继电器，线圈由 PLC 自动驱动，用户只能利用其触点，例如 M8000 为运行监控用，PLC 运行时 M8000 接通；M8002 为仅在运行开始瞬间接通的初始脉冲特殊辅助继电器；M8012 用于产生 100ms 时钟脉冲。另一类可驱动线圈型特殊继电器，用于驱动线圈后，PLC 执行特定动作。例如 M8033 在满足一定条件下，当 PLC 停止运行时可使输出状态保持不变；M8034 当发生某些情况，如电源故障、压力或温度过高等，其状态可使 PLC 输出全部禁止。

（4）内部定时器　定时器在 PLC 中相当于一个时间继电器，它有一个设定值寄存器(一个字)、一个当前值寄存器(字)以及无数个触点(位)。对于每一个定时器，这三个量使用同一个名称，但使用场合不一样，其所指的也不一样。通常在一个可编程序控制器中有几十个至数百个定时器，可用于定时操作。

定时器 T 的个数随 PLC 的型号不同而不同。FX2N 有 256 个(T0 ~ T255)，可分为两种类型：

1）普通型定时器 T0 ~ T245，其中 T0 ~ T199(200 个)为 100ms 定时器，计时时间设定范围为 0.1 ~ 3276.7s；T200 ~ T245(46 个)为 10 ms 定时器，计时时间设定范围为 0.01 ~ 327.67s

2）保持型定时器 T246 ~ T255，其中 T246 ~ T249(4 个)为 1ms 积算定时器，计时时间设定范围为 0.001 ~ 32.767s；T250 ~ T255(6 个)为 100 ms 积算定时器，计时时间设定范围为 0.1 ~ 3276.7s。

（5）内部计数器　计数器是 PLC 重要内部部件，它是在执行扫描操作时对内部元件 X、Y、M、S、T、C 的信号进行计数。当计数达到设定值时，计数器触点动作。计数器的常开触点、常闭触点可以无限使用。

计数器 C 的个数随 PLC 的型号不同而不同。FX2N 有 235 个(C0 ~ C234)，其中 16 位加计数器有 200 个，其中 C0 ~ C99(100 个)为通用型计数器，C100 ~ C199(100 个)为掉电保持型计数器，32 位加、减计数器有 35 个，其中 C200 ~ C219(20 个)为通用型计数器，C220 ~ C234(15 个)为断电保持型计数器。

（6）数据寄存器（D）　可编程序控制器用于输入/输出处理、模拟量控制、位置控制时，需要许多数据寄存器存储参数及工作数据。这类寄存器的数量随着机型不同而不同。

每个数据寄存器都是 16 位，其中最高位为符号位，可以用两个数据寄存器合并起来存放 32 位数据(最高位为符号位)。

1）通用数据寄存器 D0 ~ D199 共 200 个，只要不写入其他数据，已写入的数据不会变化。但是，PLC 状态由运行→停止时，全部数据均清零。

2）断电保持数据寄存器 D200 ~ D511 共 312 个，只要不改写，原有数据不会丢失。

3）特殊数据寄存器 D8000 ~ D8255 共 256 个，这些数据寄存器供监视 PLC 中各种元件的运行方式用。

4）文件寄存器 D1000 ~ D2999 共 2000 个，文件寄存器实际上是一类专用数据寄存器，用于存储大量的数据，例如采集数据、统计计算数据、多组控制参数等。

（7）变址寄存器（V、Z）FX 系列有 16 个变址寄存器 V0 ~ V7 和 Z0 ~ Z7，在 32 位操作时将 V、Z 合并使用，Z 为低位。

变址寄存器用来改变编程元件的元件号，例如当 V0 = 12 时，数据寄存器的元件号 D15V0 相当于 D27（15 + 12 = 27）。通过修改变址寄存器的值，可以改变实际的操作数。变址寄存器也可以用来修改常数的值，例如当 Z0 = 34 时，K25Z0 相当于常数 59（25 + 34 = 59）。

（8）指针（P、I）与常数（K、H）　地址指针是 PLC 在执行程序时用来改变执行流向的元件。它有分支指令指针 P 和中断指针 I 两类。

1）分支指令指针 P0 ~ P63 在应用时，要与相应的应用指令 CJ、CALL、FEND、SRET 及 END 配合使用，P63 为结束跳转使用。

2）中断指针 I 是与应用指令 IRET（中断返回）、EI（开中断）、DI（关中断）配合使用的指令。

K 用来表示十进制常数，16 位常数的范围为 − 32768 ~ + 32767，32 位常数的范围为 − 2147483648 ~ + 2147483647。

H 表示十六进制常数，十六进制使用 0 ~ 9 和 A ~ F 这 16 个数字，16 位常数的范围为 0 ~ FFFF，32 位常数的范围为 0 ~ FFFFFFFF。

（四）三菱 FX2N 系列 PLC 指令系统

FX2N 系列 PLC 共有基本指令 27 条、步进指令 2 条、功能指令 128 条。基本指令在编程器上有对应指令输入键，功能指令在编程器上没有对应的输入键，这些指令必须通过功能键输入，如 FUN（01），其中括号内的 01 表示功能号。

PLC 指令的写法一般是：指令 + 操作元件，如 LD X000，其中 LD 为指令，X000 为操作元件，X000 也可写为 X0。

下面介绍 FX2N 系列 PLC 的基本指令。

（1）逻辑读取、取反、输出线圈指令（LD、LDI、OUT）　逻辑读取、取反、输出线圈指令（LD、LDI、OUT）见表 3-7，这些指令的应用实例如图 3-20 所示，根据图 3-20a 所示的梯形图写出其对应的指令语句表如图 3-20b 所示。

表 3-7　逻辑读取、取反、输出线圈指令

梯 形 图	指 示	功 能	操 作 元 件
⊣├	LD	读取第一个常开触点	X，Y，M，S，T，C
⊣╱├	LDI	读取第一个常闭触点	X，Y，M，S，T，C
─○	OUT	输出线圈	Y，M，S，T，C

（2）触点串联指令（AND、ANI）　触点串联指令（AND、ANI）见表 3-8。这些指令的应用实例如图 3-21 所示，根据图 3-21a 所示的梯形图写出其对应的指令语句表如图 3-21b 所示。

表 3-8　触点串联指令

梯 形 图	指 令	功 能	操 作 元 件
⊣├─├	AND	串联一个常开触点	X，Y，M，S，T，C
⊣├─╱├	ANI	串联一个常闭触点	X，Y，M，S，T，C

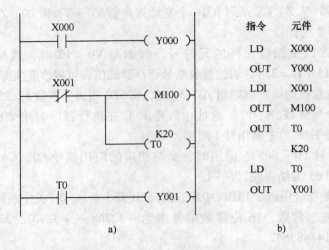

指令	元件
LD	X000
OUT	Y000
LDI	X001
OUT	M100
OUT	T0
	K20
LD	T0
OUT	Y001

a)   b)

图3-20 逻辑读取、取反、输出线圈指应用实例

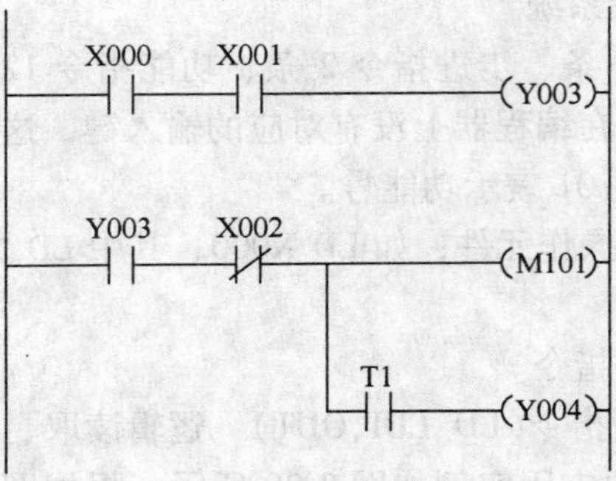

指令	元件
LD	X000
AND	X001
OUT	Y003
LD	Y003
ANI	X002
OUT	M101
AND	T1
OUT	Y004

a)   b)

图3-21 AND、ANI指令的应用实例

（3）触点并联指令（OR、ORI） 触点并联指令（OR、ORI）见表3-9，这些指令的应用实例如图3-22所示，根据图3-22a所示的梯形图写出其对应的指令语句表如图3-22b所示。

表3-9 触点并联指令

梯 形 图	指 令	功 能	操作元件
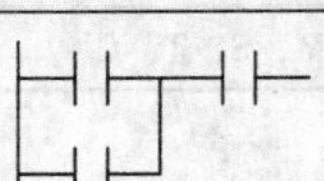	OR	与一个常开触点并联	X, Y, M, S, T, C
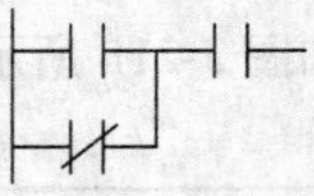	ORI	与一个常闭触点并联	X, Y, M, S, T, C

（4）电路块串、并联指令（ANB、ORB） 电路块串、并联指令（ANB、ORB）见表3-10，这些指令的应用实例如图3-23所示，根据图3-23a所示的梯形图写出其对应的指令语句表如图3-23b所示。

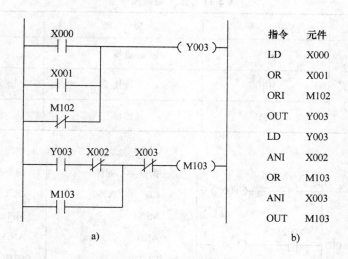

图 3-22　OR、ORI 指令的应用实例

表 3-10　电路块串、并联指令

梯 形 图	指 令	功 能	操作元件
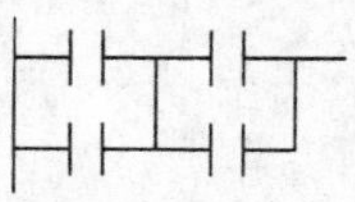	ANB	并联电路块的串联	无
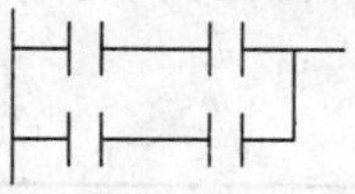	ORB	串联电路块的并联	无

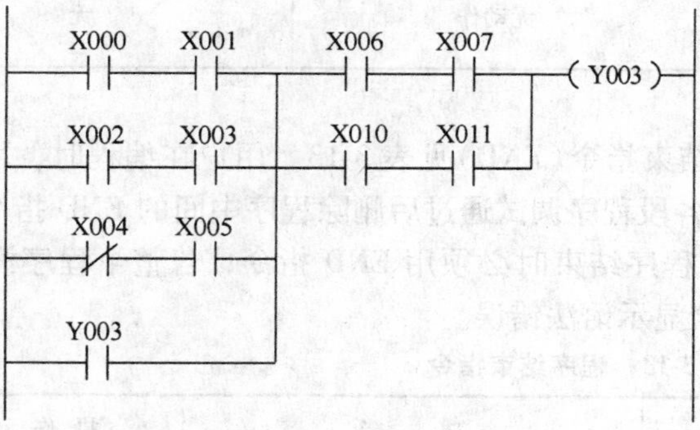

图 3-23　ANB、ORB 指令的应用实例

（5）分支电路指令（MPS、MRD、MPP）　分支电路指令（MPS、MRD、MPP）见表 3-11。单个分支程序中 MPS、MRD、MPP 指令的应用实例如图 3-24 所示。

表 3-11　分支电路指令

梯　形　图	指　　令	功　　能	操　作　元　件
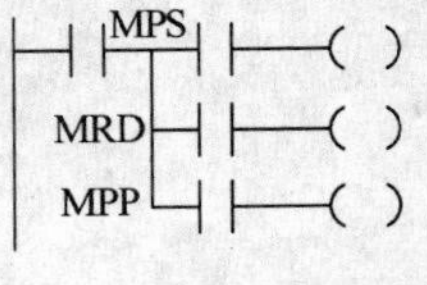 MPS	MPS	进栈	无
MRD	MRD	读栈	无
MPP	MPP	出栈	无

指令　元件	指令　元件
LD　　X000	OUT　　Y001
MPS	MPP
AND　　X001	AND　　X003
OUT　　Y000	OUT　　Y002
MRD	
AND　　X002	

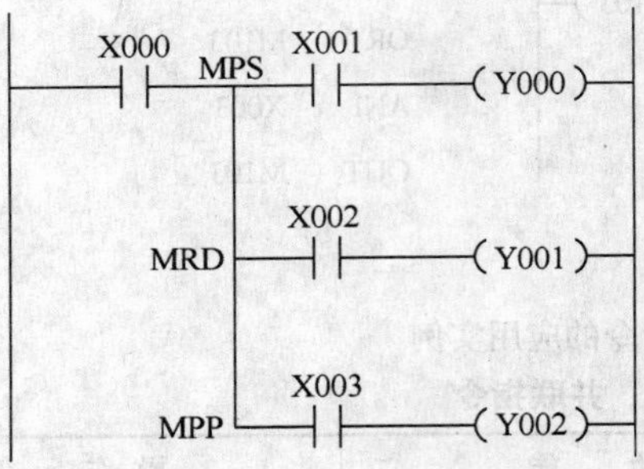

a)　　　　　　　　　　　　　b)

图 3-24　MPS、MRD、MPP 指令的应用实例

（6）空操作指令（NOP）　空操作指令（NOP）见表 3-12。NOP 指令不执行任何动作，当将全部程序清除时，全部指令均为 NOP。

表 3-12　空操作指令

梯　形　图	指　　令	功　　能	操　作　元　件
NOP	NOP	无动作	无

（7）程序结束指令（END）　程序结束指令（END）见表 3-13。用户在编程时，可在程序段中插入 END 指令进行分段调试，等各段程序调试通过后删除程序中间的 END 指令，只保留程序最后一条 END 指令。每个 PLC 程序结束时必须用 END 指令，若整个程序没有 END 指令，则编程软件在进行语法检查时会显示语法错误。

表 3-13　程序结束指令

梯　形　图	指　　令	功　　能	操　作　元　件
END	END	输入/输出处理，程序返回到开始	无

（8）定时器指令与计数器指令（T、C）　定时器指令与计数器指令（T、C）见表 3-14。

表 3-14　定时器与计数器指令

梯　形　图	指　　令	功　能	操作元件
X010　　　K100 —||——(T0)— T0 —||——(Y000)—	OUT　T0 　　　　K100	定时	常数，D
X002 —||——[RST　　C0]— X000　　　K180 —||——(C0)— C0 —||——(Y002)—	RST　C0 OUT　C0 　　　　K180	计数	常数，D

四、拓展知识

（一）PLC 的发展过程

1969 年，美国数字设备公司（DEC）研制出第一台可编程序控制器，用于通用汽车公司的生产线，取代生产线上的继电器控制系统，开创了工业控制的新纪元。随着微电子技术、计算机技术及数字控制技术的高速发展，到 20 世纪 80 年代末，PLC 技术已经很成熟，并从开关量逻辑控制扩展到计算机数字控制（CNC）等领域。近年来生产的 PLC 在处理速度、控制功能、通信能力等方面均有新的突破，并向电气控制、仪表控制、计算机控制一体化方向发展，性能价格比不断提高，成为了工业自动化的支柱之一。目前，可编程序控制器的功能已不限于逻辑运算，具有了连续模拟量处理、高速计数、远程输入和输出、网络通信等功能。国际电工委员会（IEC）将可编程逻辑控制器改称为可编程序控制器 PC（Programmable Controller），后来由于发现其简写与个人计算机（Personal Computer）相同，所以又重新沿用 PLC 的简称。

（二）输入/输出接口电路

1. 输入接口电路

输入部件是 PLC 与工业生产现场被控对象之间的连接部件，是现场信号进入 PLC 的桥梁。该部件接收由按钮、限位开关、继电器触头、接近开关、拨码器等提供的开关量信号。

输入部件均带有光耦合电路，其目的是将 PLC 与外部电路隔离开来，以提高 PLC 的抗干扰能力。为了与现场信号连接，输入部件上设有输入接线端子排。为了滤除信号的噪声和便于 PLC 内部对信号的处理，输入部件内部还有滤波、电平转换及信号锁存电路。

按照输入端电源类型的不同，开关量输入单元可分为直流输入单元和交流输入单元。直流输入单元的电路如图 3-25 所示，外接的直流电源极性可任意。线框内是 PLC 内部的输入电路，框外左侧为外部用户接线。图中只画出对应于一个输入点的输入电路，各个输入点所对应的输入电路均相同。

图 3-25 中，T 为一光耦合器，发光二极管与光敏晶体管封装在一个管壳中。当二极管

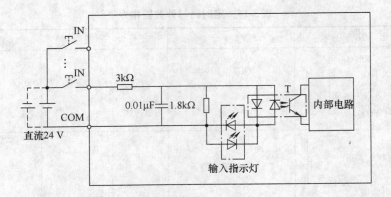

图 3-25　直流输入单元电路

中有电流通过时其发光，此时光敏晶体管导通。3kΩ 电阻为限流电阻，1.8kΩ 电阻和
0.01μF 电容构成滤波电路，可滤除输入信号中的高频干扰。LED 显示该输入点的状态。

交流输入单元的电路如图 3-26 所示。线框内是 PLC 内部的输入电路，框外左侧为外部
用户接线。图中也只画出对应于一个输入点的输入电路，各个输入点所对应的输入电路均
相同。

图 3-26 中，0.33μF 电容为隔直电容，对交流相当于短路。470Ω 和 910Ω 电阻构成分压
电路。这里光耦合器中两个反向并联的二极管，任意一个二极管发光都可以使光敏晶体管导
通。显示用的两个发光二极管(LED)也是反向并联的。所以这个电路可以接收外部的交流输
入电压。

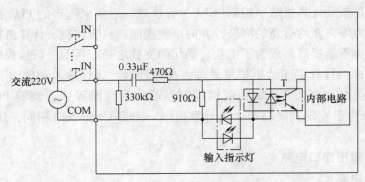

图 3-26　交流输入单元电路

2. 输出接口电路

输出部件也是 PLC 与现场设备之间的连接部件，其功能是控制现场设备进行工作(如电
动机的起、停、正/反转,阀门的开、关,设备的转动、移动、升降等)。对于 PLC，希望它能直接
驱动执行元件，如电磁阀、微型电动机、接触器、灯和音响等，因此，输出部件常常是一些
大功率器件，如机械触头式继电器、无触头交流开关(如双向晶闸管)及直流开关(如晶体
管)等。

与输入部件类似，输出部件上也有输出状态锁存、显示、电平转换和输出接线端子排。
输出部件模块也有多种类型供选用。

按输出电路所用开关器件的不同，PLC 的开关量输出单元可分为继电器输出单元、晶体

管输出单元和晶闸管输出单元。

继电器输出单元的电路如图 3-27 所示。线框内是 PLC 内部的输出电路，框外右侧为外部用户接线。图 3-27 中只画出对应于一个输出点的输出电路，各个输出点所对应的输出电路均相同。

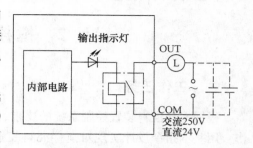

图 3-27　继电器输出单元电路

继电器输出型 PLC 的负载电源可以根据需要选用直流或交流。继电器触头电气寿命一般为 10～30 万次，因此在需要输出点频繁通断的场合（如高频脉冲输出），应选用晶体管或晶闸管输出型的 PLC。另外，继电器从线圈得电到触头动作存在延迟时间，是造成输出滞后于输入的原因之一。

晶体管输出单元的电路如图 3-28 所示。线框内是 PLC 内部的输出电路，框外右侧为外部用户接线。图 3-28 中只画出对应于一个输出点的输出电路，各个输出点所对应的输出电路均相同。T 是光耦合器，VT 为输出晶体管，VD 为保护二极管，熔丝是为了防止负载短路时损坏 PLC。晶体管为无触头开关，所以晶体管输出单元使用寿命长，响应速度快。

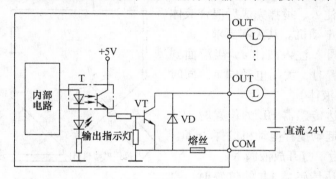

图 3-28　晶体管输出单元电路

晶闸管输出单元的电路如图 3-29 所示，输出电路采用的开关器件是光控双向晶闸管。线框内是 PLC 内部的输出电路，框外右侧为外部用户接线。图 3-29 中只画出对应于一个输出点的输出电路，各个输出点所对应的输出电路均相同。T 为光控双向晶闸管，R、C 构成阻容吸收保护电路，RV 为压敏电阻，FU 为熔断器。双向晶闸管输出型 PLC 的负载电源，

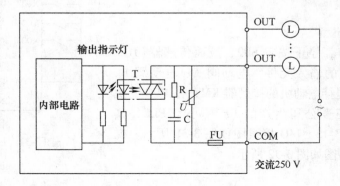

图 3-29　晶闸管输出单元电路

可以根据负载的需要选用直流或交流。

模块 2　搅拌混料装置控制系统

一、工作任务

根据搅拌混料装置控制系统的要求，完成搅拌混料装置 PLC 控制系统的硬件设计与制作，用基本指令设计实现对搅拌混料装置控制系统的软件设计，并能进行软、硬件的综合调试。

二、相关实践知识

搅拌混料装置示意图如图 3-30 所示，HL、ML、LL 为液面传感器，当液体到达传感器的位置后，传感器送出 ON 信号，低于传感器的位置时，传感器为 OFF 状态，电动阀 A、电动阀 B、放液阀 X 为三个电磁阀，分别控制液体 a 与液体 b 的注入、搅拌完成后混合液体的排放。M 为搅拌电动机。其控制要求：

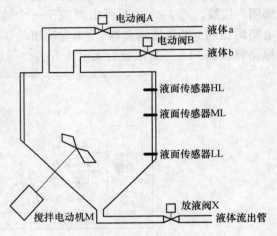

1）打开电动阀 A 注入液体 a，当液面到达传感器 ML 的位置时，关闭电动阀 A，同时打开电动阀 B 注入液体 b。

2）当液面到达传感器 HL 的位置时，关闭电动阀 B，同时起动搅拌电动机搅拌 2min。

3）搅拌完毕后，打开放液阀 X。

4）当液面到达传感器 LL 的位置时，再继续放液 20s 后关闭放液阀 X。

图 3-30　搅拌混料装置示意图

5）再将电动阀 A 打开，开始下一周期的循环。

根据搅拌混料装置控制系统的要求，完成搅拌混料装置 PLC 控制系统的硬件设计与制作，用 PLC 实现对搅拌混料装置控制系统的软件设计，并能进行软、硬件的综合调试。

1. 选择 PLC 机型

起动按钮 SB1、停止按钮 SB2、液面传感器(HL、ML、LL)作为 PLC 的输入元件，电动阀 A、电动阀 B、放液阀 X 和控制搅拌电动机的接触器 KM，是 PLC 的执行元件。现选择三菱公司生产的 FX2N 小型 PLC，其 I/O 地址分配见表 3-15，I/O 接线图如图 3-31 所示。搅拌电动机的主电路图如图 3-32 所示。

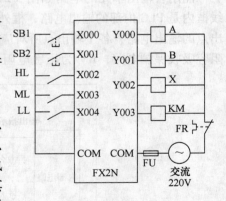

图 3-31　I/O 接线图

表 3-15　I/O 地址分配表

输入信号	输入点地址	输出信号	输出点地址
起动按钮 SB1	X000	电动阀 A	Y000
停止按钮 SB2	X001	电动阀 B	Y001
液面传感器 HL	X002	放液阀 X	Y002
液面传感器 ML	X003	接触器 KM	Y003
液面传感器 LL	X004		

2. 选择 PLC 指令并编写程序

根据控制要求，这里选择微分指令和置位与复位指令进行程序设计。搅拌混料装置的梯形图程序如图 3-33 所示，对应的指令语句表如图 3-34 所示。

3. 系统调试

按图 3-31 与图 3-32 完成硬件接线。将程序下载到 PLC，进行系统的调试。按下起动按钮 SB1，M100 输出脉冲信号使输出继电器 Y000 接通，电动阀 A 打开注入液体 a，当液面到达传感器 ML 使 X003 为 ON，输出继电器 Y000 断开，电动阀 A 断电关闭，同时输出继电器 Y001 接通，电动阀 B 通电打开注入液体 b；当液面到达传感器 HL 使 X002 为 ON，输出继电器 Y001 断开，电动阀 B 断电关闭，同时输出继电器 Y003 接通，接触器 KM 通电，电动机起动搅拌，定时器 T0 开始定时 2min 后，T0 动作，Y003 断开电动机停止搅拌，同时输出继电器 Y002

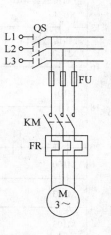

图 3-32　搅拌电动机的主电路图

接通，放液阀 X 打开放出液体，液面下降到传感器 LL，X004 由 ON → OFF 时，M104 输出脉冲信号，M11 接通，定时器 T1 开始定时，20s 后 Y002 断开，放液阀 X 断电关闭，一个搅拌周期结束。

如果在搅拌期间按下停止按钮 SB2，系统并不会停止，但当一个搅拌周期结束后系统会停止工作。若整个搅拌过程中没有按下 SB2，则系统自动继续下一个循环的搅拌。

三、相关理论知识

（一）基本指令

1. 置位和复位指令（SET、RST）

置位和复位指令（SET、RST）见表 3-16。置位和复位指令（SET、RST）的使用如图 3-35 所示。

表 3-16　置位和复位指令

梯　形　图	指　令	功　能	操作元件
⊣├─ SET □	SET	动作接通并保持	Y，M，S
⊣├─ RST □	RST	动作断开，寄存器清零	Y，M，S，T，C，D，V，Z

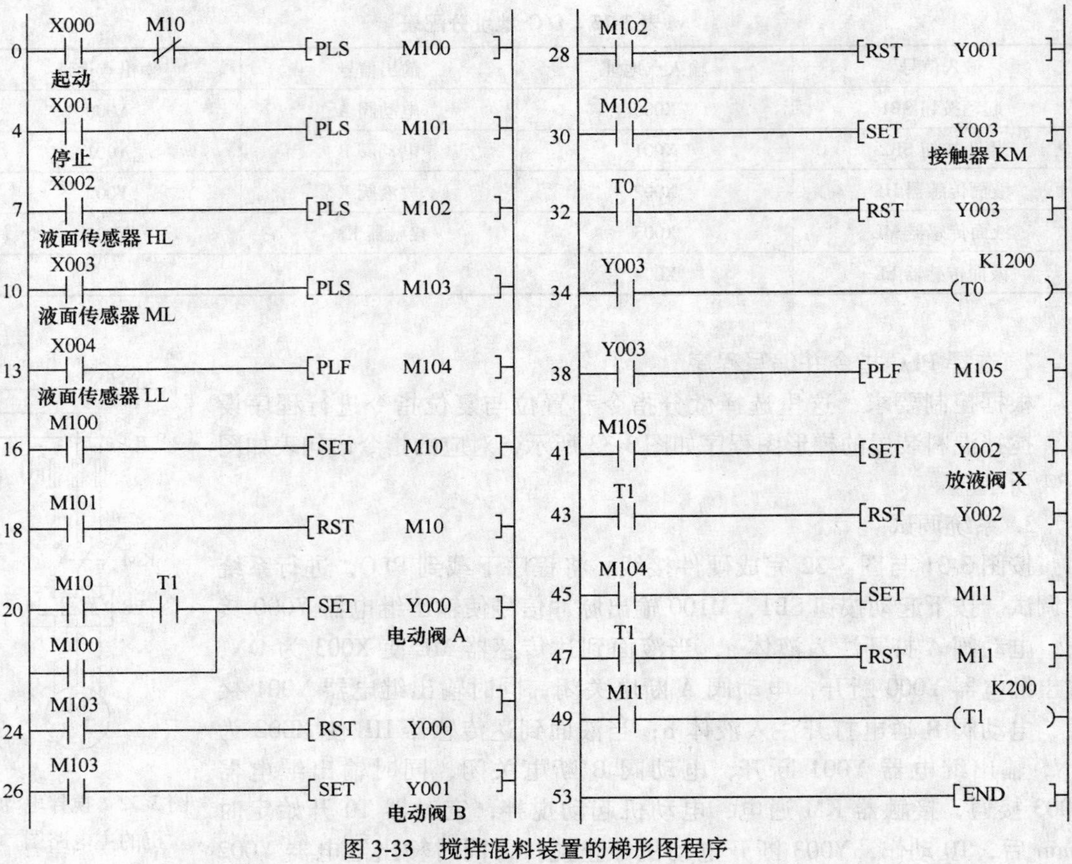

0 X000 起动	M10	[PLS M100]
4 X001 停止		[PLS M101]
7 X002 液面传感器 HL		[PLS M102]
10 X003 液面传感器 ML		[PLS M103]
13 X004 液面传感器 LL		[PLF M104]
16 M100		[SET M10]
18 M101		[RST M10]
20 M10 T1		[SET Y000] 电动阀 A
M100		
24 M103		[RST Y000]
26 M103		[SET Y001] 电动阀 B
28 M102		[RST Y001]
30 M102		[SET Y003] 接触器 KM
32 T0		[RST Y003]
34 Y003		(T0 K1200)
38 Y003		[PLF M105]
41 M105		[SET Y002] 放液阀 X
43 T1		[RST Y002]
45 M104		[SET M11]
47 T1		[RST M11]
49 M11		(T1 K200)
53		[END]

图 3-33 搅拌混料装置的梯形图程序

0	LD	X000		27	SET	Y001	
1	ANI	M10		28	LD	M102	
2	PLS	M100		29	RST	Y001	
4	LD	X001		30	LD	M102	
5	PLS	M101		31	SET	Y003	
7	LD	X002		32	LD	T0	
8	PLS	M102		33	RST	Y003	
10	LD	X003		34	LD	Y003	
11	PLS	M103		35	OUT	T0	K1200
13	LD	X004		38	LD	Y003	
14	PLF	M104		39	PLF	M105	
16	LD	M100		41	LD	M105	
17	SET	M10		42	SET	Y002	
18	LD	M101		43	LD	T1	
19	RST	M10		44	RST	Y002	
20	LD	M10		45	LD	M104	
21	AND	T1		46	SET	M11	
22	OR	M100		47	LD	T1	
23	SET	Y000		48	RST	M11	
24	LD	M103		49	LD	M11	
25	RST	Y000		50	OUT	T1	K200
26	LD	M103		53	END		

图 3-34 搅拌混料装置的指令语句表

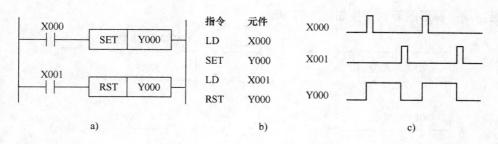

图 3-35　SET 和 RST 指令的使用

2. 上升沿微分和下降沿微分指令（PLS、PLF）

上升沿微分和下降沿微分指令（PLS、PLF）见表 3-17。

表 3-17　上升沿微分和下降沿微分指令

梯 形 图	指 令	功 能	操作元件
├┤├─ PLS	PLS	上升沿微分输出	Y，M
├┤├─ PLF	PLF	下降沿微分输出	Y，M

PLS、PLF 指令分别表示在输入信号的上升沿、下降沿到来时，输出线圈接通一个扫描周期时间。

（二）梯形图编程规则

在编制梯形图或助记符程序时，应注意遵循以下编程规则：

1）每一个内部继电器的触点在程序中可以无限次重复使用，但其线圈在同一程序中一般只能使用一次。同一继电器的多线圈使用会引起逻辑上的混乱，应尽量避免。

2）梯形图信号流向只能自左向右，垂直分支上不可以有任何触点。

在图 3-36 所示的梯形图中，图 3-36a 为错误的梯形图，图 3-36b 为正确的梯形图。

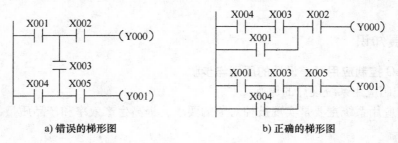

a) 错误的梯形图　　　　　　　　b) 正确的梯形图

图 3-36　梯形图

3）继电器的线圈应该放在每一运算逻辑的最右端，在线圈右端不能再有任何触点。线圈不可以与左端母线直接相连，如果逻辑上有这种需要时也要通过一合适的常闭触点来实现。

4）编程时对于复杂逻辑关系的程序段，可按照先难后易的基本原则实现。

当有几个串联支路相并联时，可按“先串后并”的原则将触点多的支路放在梯形图的最上端。当有几个并联支路相串联时，可按“先并后串”的原则将触点多的支路放在梯形图的最左端。梯形图等效变换如图 3-37 所示。

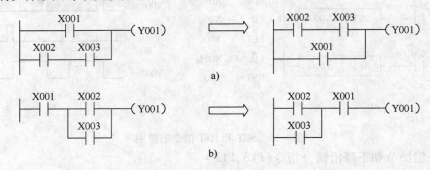

图 3-37　梯形图等效变换图

图 3-37a 等效变换前程序段		图 3-37a 等效变换后程序段	
LD	00001	LD	00002
LD	00002	AND	00003
AND	00003	OR	00001
ORB		OUT	01001
OUT	01001		
图 3-37b 等效变换前程序段		图 3-37b 等效变换后程序段	
LD	00001	LD	00002
LD	00002	OR	00003
OR	00003	AND	00001
ANB		OUT	01001
OUT	01001		

5）在不影响逻辑功能的情况下，应尽可能地将每一个阶梯简化成串联支路或先并后串支路，尽量减少串并交叉的情况。有时采用触点多次使用的办法，反而使程序结构更为简单。

四、拓展知识

（一）PLC 控制应用系统设计的原则与步骤

1. PLC 控制应用系统设计的原则

PLC 控制应用系统主要是实现被控对象的要求，提高生产效率和产品质量，其设计应遵循以下原则。

1）最大限度地满足被控对象的控制要求。设计前应深入现场进行调查研究，搜集资料，并拟定电气控制方案。

2）在满足控制要求的前提下，力求使控制系统简单、经济、使用及维护方便。

3）在标准化设计的基础上，保证控制系统安全可靠。

4）考虑到生产的发展和工艺的改进，在选择 PLC 的容量时，应适当留有裕量。

2. PLC 控制系统设计的步骤

1）熟悉控制对象，确定控制范围。

2）制定控制方案，选择可编程序控制器机型。

3）系统硬件设计和软件编程。

4）模拟调试。

5）现场运行调试。

6）编制系统的技术文件，技术文件应包括 PLC 控制系统的说明书、外部接线图、其他电气图样及元件明细表等。图 3-38 所示为 PLC 控制系统的设计流程图。

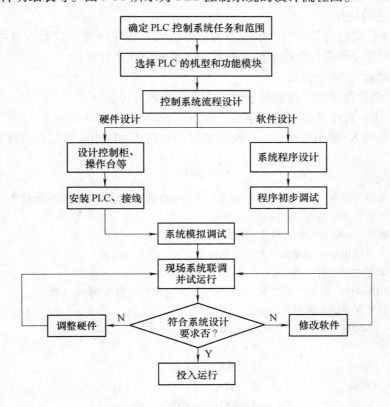

图 3-38　PLC 控制系统的设计流程图

（二）PLC 机型选择

PLC 选型的基本原则是所选 PLC 能够满足控制系统的功能需要。一般从系统控制功能、PLC 物理结构、指令和编程方式、PLC 存储量和响应时间、通信联网功能等几个方面综合考虑。从应用角度来看，PLC 可按控制功能或输入/输出点数分类；从 PLC 的物理结构来看，PLC 分为模块式和整体式。

1. 对输入/输出点数的选择

根据输入现场与 PLC 输入模块距离长短来选择电压的高低。一般 12V 电压模块的接线距离不超过 10m。输入方式可由实际电路要求选择有源、无源、直流或交流。

根据控制系统的控制对象合理选择输出类型。继电器、晶体管和双向晶闸管的输出有不同特点，在选择主机及扩展模块时要合理选择。

继电器输出价格便宜，适应电压范围宽，交直流电压都可用，导通压降小，有隔离作用，且承受过载能力强。但继电器是有触头通断，易产生火花和噪声干扰，使用寿命较短，响应速度慢等。当驱动电感性负载时，最大通断频率不得超过 1Hz。

晶体管(直流)和双向晶闸管(交流)输出属于无触头输出,因此不会产生火花干扰,适用于易燃、易爆的场合和通断频率高的电感性负载。电感性负载通断瞬间会产生较高的反压,必须采用反向放电(直流)电路或 RC(交流)吸收电路。

选择的输出模块的电流值必须大于负载电流的额定值,既要注意每一输出点的承载能力,又要注意整个输出模块允许同时输出满负荷能力。

2. 存储容量的选择

PLC 的程序存储器容量通常以字或步为单位。用户程序所需存储器容量可以预先估算,一般情况下用户程序所需存储的字数可按照如下经验公式来计算:

(1) 开关量输入/输出系统

1) 输入:用户程序所需存储的字数 = 输入总点数 × 10。

2) 输出:用户程序所需存储的字数 = 输出总点数 × 5。

(2) 模拟量输入/输出系统   每一路模拟量信号需要 80 ~ 100 字的存储容量。

习 题 3

3-1 在复杂的电气控制中,采用 PLC 控制与传统的继电器-接触器控制有哪些优越性?

3-2 什么是可编程序控制器?它的特点是什么?

3-3 PLC 由哪几部分组成?各有什么作用?

3-4 PLC 开关量输出接口按输出开关器件的种类不同,有几种形式?

3-5 简述 PLC 的扫描工作过程。

3-6 说明 FX0N-40MR 型号中 40、M、R 的意义,并说出它的输入/输出点数。

3-7 请画出以下指令语句表对应的梯形图。

0	LD	X000	11	ORB	
1	MPS		12	ANB	
2	LD	X001	13	OUT	Y001
3	OR	X002	14	MPP	
4	ANB		15	AND	X007
5	OUT	Y000	16	OUT	Y002
6	MRD		17	LD	X010
7	LDI	X003	18	ORI	X011
8	AND	X004	19	ANB	
9	LD	X005	20	OUT	Y003
10	ANI	X006			

3-8 根据下列指令语句表画出对应的梯形图。

0	LD	X1	6	LD	X5
1	AND	X2	7	AND	X6
2	OR	X3	8	OR	M2
3	ANI	X4	9	ANB	
4	ORI	M3	10	OUT	Y2
5	OR	M1			

3-9 写出图 3-39 所示梯形图的指令语句表。

3-10 根据图 3-40 所示的波形图,设计其相应的梯形图并写出指令语句表。

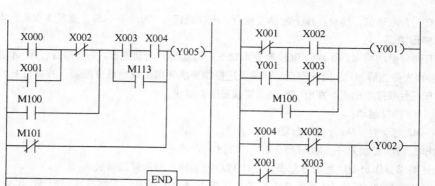

图 3-39　题 3-9 图

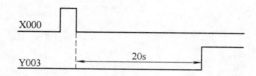

图 3-40　题 3-10 图

3-11　写出图 3-41 所示梯形图的指令语句表。

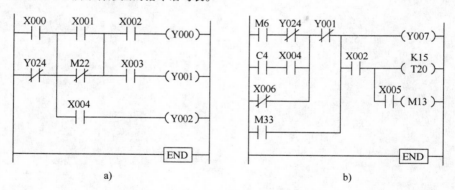

图 3-41　题 3-11 图

3-12　按下起动按钮 SB1 后，输出线圈立即接通，按下停止按钮 SB2 后，输出线圈延时 10s 后断开，试设计梯形图程序。

3-13　试设计一个延时 24h 的定时器。

3-14　设计图 3-42 所示的通电和断电延时电路。

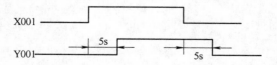

图 3-42　题 3-14 图

3-15　用计数器构成一个延时 10s 的电路，试画出梯形图。

3-16 有一台电动机,要求在按下起动按钮后,电动机运行 10s,停止 5s,重复 3 次后,电动机自动停止,试画出梯形图。

3-17 有两台电动机 M1 和 M2,其控制要求如下:起动时,电动机 M1 先起动后,M2 才能够起动;停止时,M2 必须先停止后 M1 才能够停止。试按上述控制要求列出 I/O 地址分配表,并编写 PLC 梯形图。

3-18 有三台联控电动机,在电气控制上要满足下列要求:

1) M1、M2 同时起动;

2) M1、M2 起动后,M3 才能够起动;

3) 停止时,M3 必须先停,隔 6s 后,M1、M2 才同时停止。

根据上述要求,作出 I/O 地址分配表,设计 PLC 控制梯形图和外部接线图。

3-19 用接在 X000 输入端的光电开关检测传送带上通过的产品,有产品通过时 X000 为 ON,如果在 10s 内没有产品通过,由 Y000 发出报警信号,用 X001 输入端外接的开关解除报警信号,试画出梯形图,并写出指令语句表。

项目 4

PLC 编程软件

教学目标

1. 掌握 FX 系列 PLC 编程软件的安装与使用方法。

2. 熟悉编程软件的程序输入和调试、监控、仿真等功能。

模块 1   GX Developer 编程软件

一、工作任务

1. 使用 GX Developer 编程软件完成相关程序的输入和调试、监控、仿真等。

2. 使用 GX Developer 编程软件实现相关项目的 PLC 控制。

二、相关实践知识

计算机辅助编程既省时省力、又便于程序管理，它具有简易编程器无法比拟的优越性，是一种广泛应用的编程方式。计算机辅助编程时要安装专用编程软件，还要和 PLC 建立通信连接。PLC 与计算机通信时，通常使用 CPU 单元内置的通信口，或使用 CC-link 单元的通信口。通信口大多为 RS-232C 口，有时也用 RS-422 口。

使用编程软件可以实现的功能有：梯形图或语句表编程；编译检查程序；数据和程序的上载、下载及比较；对 PLC 的设定区进行设置；对 PLC 的运行状态及内存数据进行监视和测试；打印程序清单等文档；文件管理等。

GX Developer Version 8C(SW8D5C-GPPW-C)编程软件适用于目前三菱 Q 系列、QnA 系列、A 系列与 FX 系列的所有 PLC 及运动控制 CPU，可在 Windows 95/98/2000/XP/7 操作系统中运行。GX Developer 编程软件除具备上面所述功能外，还可以直接设定 CC-link 及其他三菱网络参数，具有运行写入功能，这样可以避免频繁操作 STOP/RUN 开关，方便程序的调试。

1. GX Developer 编程软件的安装

GX Developer Version 8.86Q 编程软件的安装步骤如下：

1）首先，安装 ENVMEL \ SETUP. EXE，然后按照弹出的对话框进行操作，直到单击"结束"。

2）再安装 GX8C \ SETUP. EXE，然后按照弹出的对话框进行操作，输入序列号：570-986818410 即可。

2. GX Developer 编程软件的程序编辑窗口

GX Developer 编程软件的程序编辑窗口如图 4-1 所示。窗口画面分成以下 4 个区：

1）菜单栏。共有 10 个下拉菜单。

2）快捷工具栏。快捷工具栏又可分成主工具栏、图形编辑工具栏及视图工具栏等。

3）梯形图编辑区。在编辑区内对程序注释、注解、参数等进行梯形图编辑，也可以转换为指令语句表编辑区或 SFC 图形编辑区，进行指令语句表或 SFC 图形编辑。

4）工程栏。以树状结构显示工程的各项内容，如显示程序、软元件注释、PLC 参数设置等。

3. 程序的编辑

执行"开始→所有程序"命令，选择"MELSOFT 应用程序"目录下的"GX Developer"，单击"GX Developer"，或直接单击桌面上的图标，即可进入编程窗口，如图 4-2 所示。

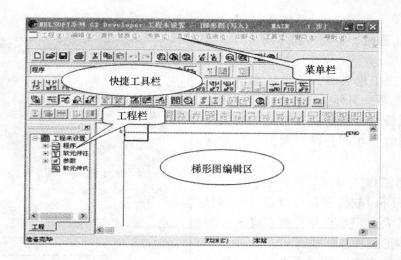

图 4-1　程序编辑窗口

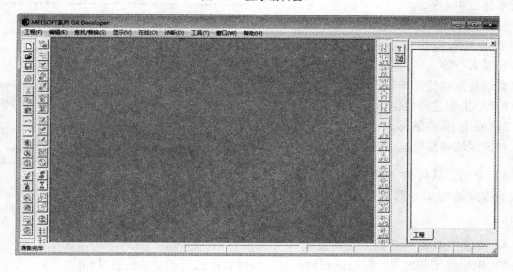

图 4-2　GX Developer 编程窗口

（1）新建工程　进入编辑窗口后，该窗口编辑区域是不可用的，快捷工具栏中除了新建、打开按钮和 PLC 读取外，其余按钮均不可操作。执行"工程→创建新工程"命令或单击 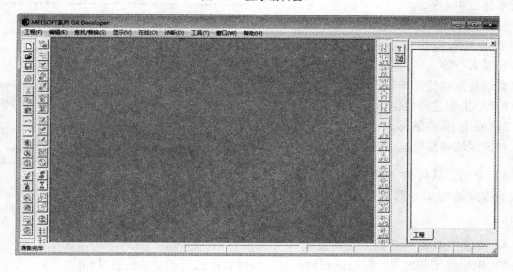 新建按钮，可创建一个新工程，出现如图 4-3 所示的创建新工程对话框，在该对话框中根据工程需要进行必要的选择。

1）在 QCPU（Q 模式）、QnA 系列、QCPU（A）模式、A 系列、运动控制 CPU（SCPU）和 FX 系列中选择适当的 PLC 系列。

2）根据使用的 CPU 类型进行选择，如果需要设定 Q 系列的远程 I/O 的参数，需先在 PLC 系列中选择 QCPU（Q 模式）后，再在改变 PLC 类型中选择远程 I/O。

3）选择梯形图或者 SFC 程序类型。当在 QCPU Q 模式中选择 SFC 时，可以同时选择 MELSAP-L。

4）不使用 ST 程序、FB、结构体时选择不使用标签；使用 ST 程序、FB、结构体时选择使用标签。

5）新建工程时，生成与程序同名的软元件内存数据。

6）在生成工程名时，单击复选框选中"设置工程名"项。另外，工程名可于生成工程前或生成后设定。但是若在生成工程后设定工程名，则需要在"另存工程为…"对话框中设定。

（2）梯形图程序和 SFC 程序的相互转换

在 GX Developer 软件里，可以把已存的梯形图程序转换成为 SFC 程序，或者将 SFC 程序转换成为梯形图程序。执行"工程→编辑数据→程序类型变更"菜单命令，相互转换对话框如图 4-4 所示。

（3）编辑梯形图的基本操作 编辑梯形图用到的基本操作包括剪切、复制、粘贴、删除和插入行等。

剪切与复制的操作步骤如下：

1）单击要进行剪切和复制的梯形图区域。

2）垂直拖拉鼠标，指定要剪切或复制的范围，指定区域将高亮显示，示意图如图 4-5 所示。

3）单击工具栏的"剪切"按钮 ✂，则指定区域的线路被剪切。剪切后，剩余线路上移填充空白。

4）单击工具栏"复制"按钮 ▣。

5）单击线下部的梯形图块的任何部分，该线将用已复制的块进行粘贴。

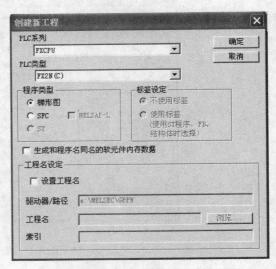

图 4-3　创建新工程对话框

图 4-4　梯形图程序和 SFC 程序的相互转换对话框

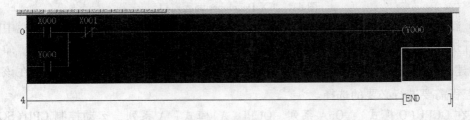

图 4-5　指定区域高亮显示示意图

6）单击工具栏的"粘贴"按钮 ▣。

7）复制的梯形图块被粘贴。

插入或删除一条线的操作步骤如下：

1）单击将要插入或删除的线的任何部分。

2）在梯形图创建屏幕上右击，显示菜单，如图 4-6 所示。

3）选择菜单中"划线写入"选项。

4）插入一行到光标的上部。

5）单击菜单中的"划线删除"选项，如图 4-7 所示。

图 4-6　梯形图创建屏幕上右击的菜单

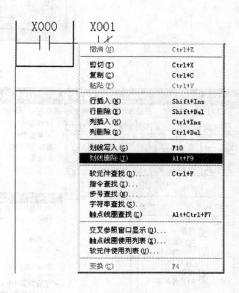

图 4-7　"划线删除"选项

6）光标处一行被删除。

4. 梯形图编辑

（1）创建梯形图程序　创建梯形图可以用列表表示的方法，也可以通过工具快捷按钮创建，但都必须确保将模式改为"写模式"。工具中的快捷图标如图 4-8 所示。可以利用工具中的快捷图标进行梯形图编辑，也可通过键盘输入指令的形式编辑梯形图。

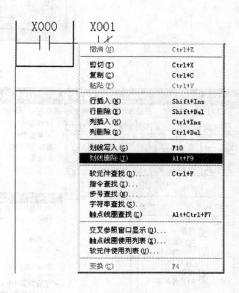

图 4-8　工具中的快捷图标

（2）变换编辑好的梯形图程序　激活要进行线路转换的窗口，执行"变换→变换"菜单命令或者单击"工具栏" 〔图标〕 按钮。

（3）软元件注释　在梯形图中引入软元件注释后，用户可以更加直观地了解每个软元件代表的意义及在程序中的作用。下面介绍如何编辑软元件的注释及机器名。

打开编辑好的工程，在"工程数据列表"中单击"软元件注释"选项，这时会有"COMMENT"选项，双击该项，会弹出如图 4-9 所示的编辑窗口。

编辑软元件的注释及机器名后，单击菜单栏的"显示"菜单，选择"注释显示"选项，可以定义注释的大小及机器名字体的形式。"注释显示形式"选项如图 4-10 所示。

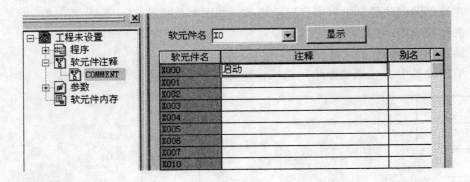

图 4-9　设置元件注释窗口

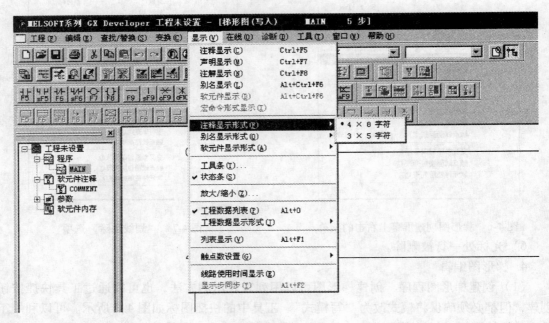

图 4-10　"注释显示形式"选项

5. 软元件的查找与替换

GX Developer 编程软件与以前的编程软件一样，都有查找功能，但是 GX Developer 编程的功能更加强大，它的查找包括了软元件的查找、指令查找、步号查找、字符串查找、触点线圈查找；而替换功能根据不同替换对象，可分为软元件替换、指令替换、常开常闭触点互换、字符串替换和模块起始 I/O 替换等。

单击菜单"查找/替换"，在下拉菜单中选择"软元件查找"，弹出的对话框如图 4-11 所示。

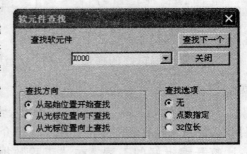

图 4-11　"软元件查找"对话框

为了能够替换正在编辑中的程序的软元件，方便使用者操作，单击菜单"查找/替换"，在下拉菜单中选择"软元件替换"，弹出的对话框如图 4-12 所示。

6. 常开常闭触点互换

该指令的操作可以将一个或连续若干个编程元件的常开、常闭触点进行互换，该操作为编程者修改、编辑程序提供了极大的方便，避免因操作失误而对程序产生影响。单击菜单"查找/替换"，在下拉菜单中选择"常开常闭触点互换"，弹出的对话框如图 4-13 所示。

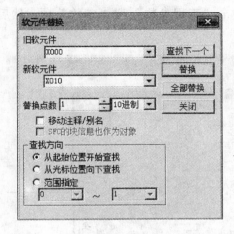

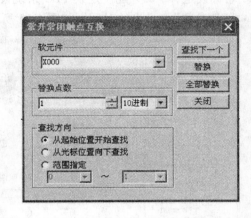

图 4-12　"软元件替换"对话框　　　　　图 4-13　"常开常闭触点互换"对话框

7. 程序的写入与读取

程序的写入是指把在编程软件 GX Developer 上已经编制好的程序写入到 PLC 中去。程序读取刚好相反，是把 PLC 中原有的程序读取到编程软件 GX Developer 中。

当计算机与 PLC 的通信测试连接成功后，单击"在线"，则弹出"PLC 写入"和"PLC 读取"等功能。程序的写入与读出菜单如图 4-14 所示。

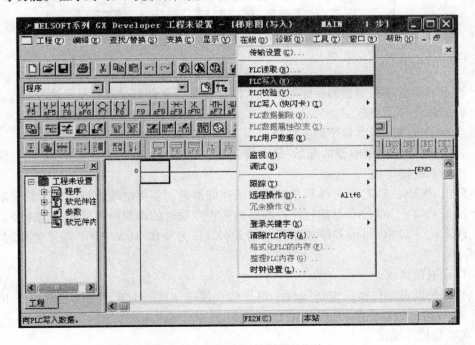

图 4-14　程序的写入与读出菜单

8. 参数设定

编程软件 GX Developer 的参数设定包括 PLC 参数设定、网络参数设定和远程密码设定。针对 FX 系列的 PLC，这里主要介绍一些 FX 系列 PLC 的参数设定，而网络参数和远程密码设置对 FX 系列 PLC 暂时不适用。FX 系列的参数设定包括存储器容量设定、软元件设定、PLC 名称设定、I/O 分配设定及 PLC 系统设定。单击"工程参数"列"参数"项，然后双击"PLC 参数"，弹出的对话框如图 4-15 所示。

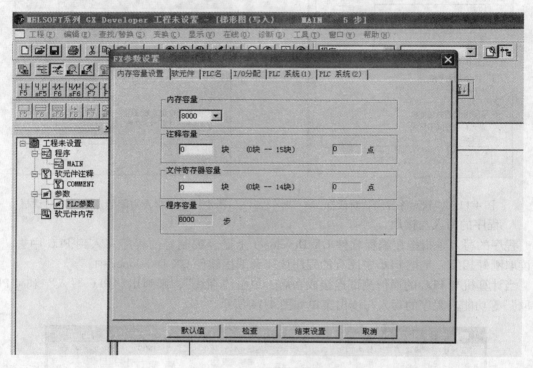

图 4-15　参数设定对话框

1）设定可编程序控制器的存储器容量、注释容量、文件寄存器容量及顺控程序容量。

2）设定软元件锁存范围。

3）给可编程序控制器程序加上注释。

4）设定输入/输出继电器的起始/最终值。

5）PLC 系统设定：

① 取出 FX2N、FX2NC 可编程序控制器的存储器后，备用电池进行运转时的设定。

② 执行 FX2N、FX2NC 可编程序控制器的远程存取时的调制解调器初始化命令。

③ FX2N、FX2NC 可编程序控制器的输入（X）作为外部 RUN/STOP 端子使用时，设定其输入号码。

6）设定通信协议。

7）数据长度设定包括设定奇偶性、停止位、传送速度、H/W 类型（通常选择 RS-232C 或者 RS-485）传送控制顺序（选择格式 1/格式 4）。

9. 在线监控和调试

GX Developer 软件中的在线命令有着丰富的功能，用户可以对 PLC 的传输进行设置，当

PC 与 PLC 建立了正确的通信后，用户可以读取 PLC 中的程序，也可以把写好的程序下载到 PLC 中去。

（1）在线监控　在线监控可以监控程序的运行状态及编程元件的当前状态，通过监控画面可以直观地了解各元件的动作情况。

在线监控的操作步骤如下：

1）运行编写好的程序或从 PLC 写入，并确保程序与 PLC 能正常通信。

2）执行"在线→监视→监视模式"菜单命令，弹出监控菜单，如图 4-16 所示。

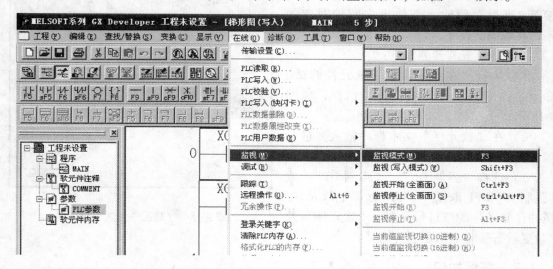

图 4-16　在线监控菜单

3）执行"在线→监视→软元件批量"，打开软元件批量在线监控窗口，如图 4-17 所示。

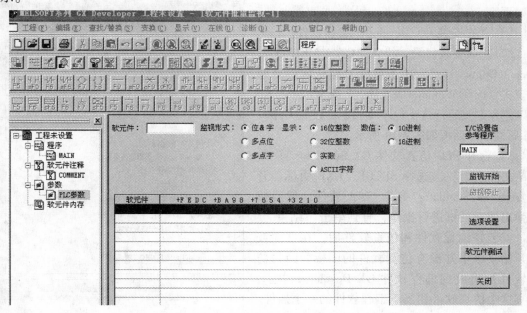

图 4-17　软元件批量在线监控窗口

　　4)输入相关的元件名称即可进行元件运行状态的监控。

　　(2)在线调试　通过通信端口,可以利用软元件指令对输入/输出以及辅助继电器等执行强制 ON 或强制 OFF,还可以对软元件的值进行设置,如十进制与十六进制的转换,16 位整数与 32 位整数或实数之间的转换等,通过对照输入与输出之间的对应关系,在线调试程序。

　　在线调试操作步骤如下:

　　1)执行"在线→调试→软元件调试"命令,弹出"软元件测试"对话框,如图 4-18 所示。

　　2)在"软元件"文本框中输入要进行强制操作的软元件。

　　3)选择"强制 ON"、"强制 OFF"或"强制 ON/OFF 取反"。可以对"字软元件/缓冲存储区"的值进行设置。"软元件"及"设置状态"将显示在执行结果里。

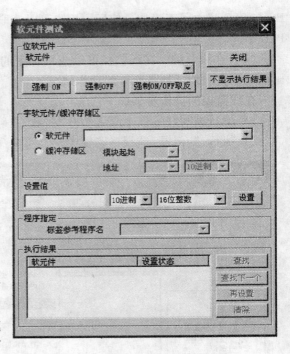

图 4-18　"软元件测试"对话框

三、拓展知识

　　1. GX Simulator 仿真软件的安装

　　GX Simulator7-E7. 24A 仿真软件的安装步骤如下:

　　1)首先安装 GX Developer 编程软件。

　　2)进入安装目录,找到"C:\ MELSEC \ Gppw \ Gppw. exe",单击鼠标右键→属性→兼容模式,选择 Windows 98/ Me/ 7 或 Windows XP 等以兼容方式运行这个程序→确定。设置 Gppw. exe 属性的对话框如图 4-19 所示。

　　3)打开 PLC 仿真软件 GX Simulator7-E 7. 24A 文件夹,双击选择 SETUP. EXE 图标,开始安装 GX Simulator7-E 7. 24A 软件,然后按照弹出的对话框进行操作,直到单击"结束"。

　　安装好编程软件和仿真软件后,在桌面或者开始菜单中并没有仿真软件的图标。因为仿真软件被集成到编程软件 GX Developer 中了,其实这个仿真软件相当于编程软件的一个插件。

　　2. GX Simulator 仿真软件的使用

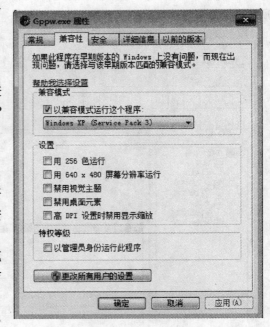

图 4-19　设置 Gppw. exe 属性的对话框

（1）创建新工程　启动编程软件 GX Developer，创建一个新工程。

（2）编写梯形图程序　编写一个简单的梯形图程序，如图 4-20 所示。

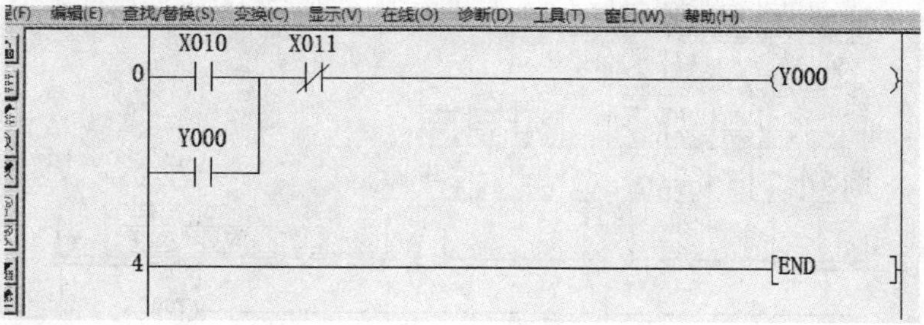

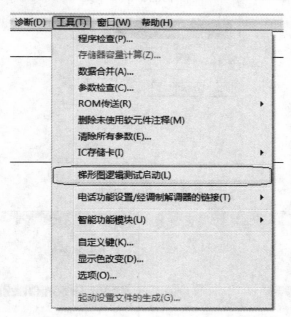

图 4-20　编写简单的梯形图程序

（3）起动仿真　可以通过菜单栏启动仿真，单击图 4-21 中的"工具→梯形图逻辑测试启动"。也可以通过快捷图标起动仿真，单击图 4-22 中的 图标，这两种方式都可以起动仿真。图 4-23 所示为启动后的仿真窗口，可显示运行状态，如果出错，则会有中文说明。

图 4-21　通过菜单启动仿真

启动仿真后，程序开始在计算机上模拟 PLC 写入过程，如图 4-24 所示。PLC 写入结束后，出现如图 4-25 所示的监视状态对话框，这时程序开始运行。用户可以通过如图 4-26 所示方法，单击"在线→调试→软元件测试"，进入如图 4-27 所示的"软元件测试"对话框，进行软元件的测试，通过设置软元件输入条件为 ON 或 OFF，就可以测试程序的输出结果。

（4）退出仿真测试　单击菜单栏的"工具→梯形图逻辑测试起动"，或单击快捷图标 ，出现如图 4-28 所示的窗口，说明已经退出仿真，程序测试结束。

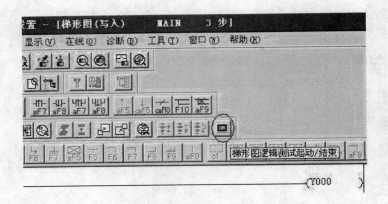

图 4-22　通过快捷图标启动仿真

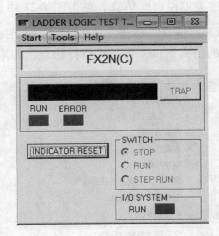

图 4-23　仿真对话框

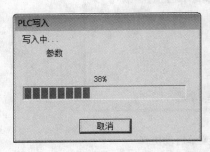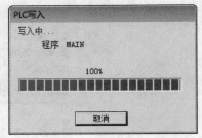

图 4-24　程序模拟 PLC 写入的对话框

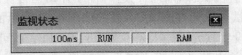

图 4-25　监视状态对话框

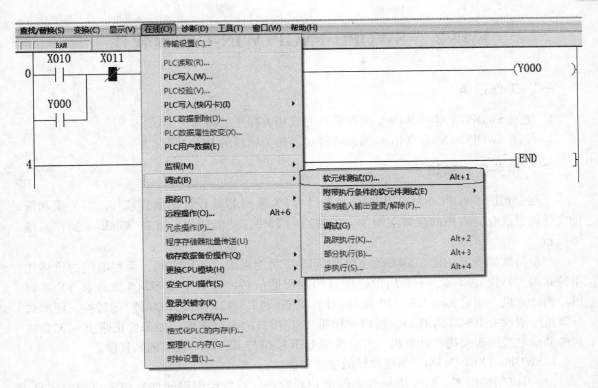

图 4-26　软元件测试界面的菜单

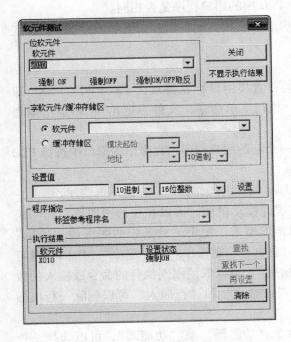

图 4-27　"软元件测试"对话框

图 4-28　退出仿真测试的窗口

模块 2　　SWOPC-FXGP/WIN-C 编程软件

一、工作任务

1. 使用 SWOPC-FXGP/WIN-C 编程软件完成相关程序的输入、调试。

2. 使用 SWOPC-FXGP/WIN-C 编程软件实现相关项目的 PLC 控制。

二、相关实践知识

三菱公司的 SWOPC-FXGP/WIN-C 是专门为 FX 系列 PLC 设计的编程软件，其界面和帮助文件均已汉化，占用的存储空间少，安装后约 2MB，功能较强，可在 Windows 操作系统中运行。

与手持式编程器相比，SWOPC-FXGP/WIN-C 功能强大，使用方便，编程电缆的价格比手持式编程器便宜得多。一般用价格便宜的编程通信转换接口电缆 SC-09 来连接 FX 系列 PLC 和计算机，用它实现 RS-232C 接口(计算机侧)和 RS-422 接口(PLC 侧)的转换。便携式计算机一般没有 RS-232C 接口，可以使用带 USB 接口的通信电缆。如果要把带 RS-232C 接口的通信电缆用于便携式计算机，可以使用 USB 接口与 RS-232C 接口的转接器。

1. SWOPC-FXGP/WIN-C 编程软件的主要功能

1) 可以用梯形图、指令语句表来创建 PLC 程序，可以给编程元件和程序块加上注释，可以将程序存储为文件，或用打印机打印出来。

2) 通过串行口通信，可以将用户程序和数据寄存器中的数值下载到 PLC，读出未设置口令的 PLC 中的用户程序，或者检查计算机和 PLC 中的用户程序是否相同。

3) 可以实现各种监控和测试功能，例如梯形图监控，元件监控，强制 ON/OFF，改变 T、C、D 的当前值等。

2. 程序的生成与编辑

SWOPC-FXGP/WIN-C 编程软件不需要安装，直接用鼠标左键双击 FXGPWIN. EXE 即可打开编程软件，打开的窗口如图 4-29 所示。执行菜单命令"文件→退出"，将退出编程软件。

执行菜单命令"文件 →新建"，可以创建一个新的用户程序，在弹出的窗口中选择 PLC 的型号后单击"确认"。

"文件"菜单中的其他命令与通用的 Windows 软件的操作相同，在此不再赘述。

(1) 剪切、复制和粘贴操作　按住鼠标左键并拖动鼠标，可以在梯形图内选中同一块电路里的若干个元件，被选中的元件被蓝色的矩形覆盖。使用工具条中的图标或"编辑"菜单中的命令，可以实现被选中的元件的剪切、复制和粘贴操作。用"删除"(Delete)键可以将选中的元件删除。执行菜单命令"编辑→撤销"，可以取消刚刚执行的命令或输入的数据，回到原来的状态。使用"编辑"菜单中的"行删除"和"行插入"可以删除一行或插入一行。

(2) 放置元件　执行"视图"菜单中的命令"功能键"或"功能图"，可以选择是否显示窗口底部的触点、线圈等按钮的功能条，如图 4-30 所示，或者是否显示位置浮动的元

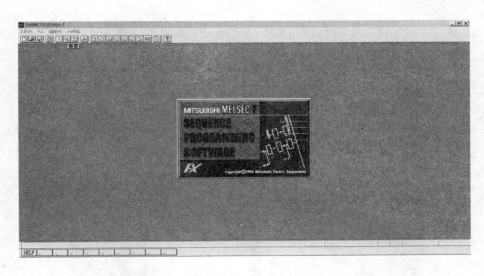

图 4-29　双击 FXGPWIN．EXE 打开的窗口

件按钮框。

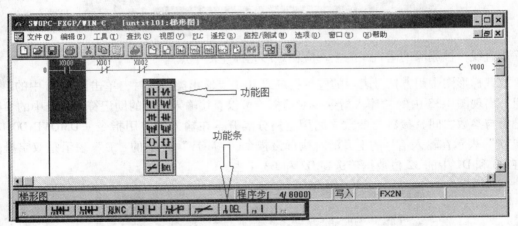

图　4-30

　　将深蓝色矩形光标放在欲放置元件的位置，用鼠标单击功能键和功能图中放置的元件的按钮，将弹出"输入元件"对话框如图 4-31 所示。在文本框中输入元件号，定时器和计数器的元件号和设定值用空格键分隔开。输入完后单击"确认"按钮，元件被放置在光标指定的位置。用鼠标左键双击梯形图中某个已存在的触点、线圈或应用指令，在弹出的"输入元件"对话框中，可以修改其元件号或参数。

　　输入触点或线圈时，单击图 4-31 中的"参照"按钮，弹出"元件说明"对话框，如图 4-32 所示。"元件范围限制"文本框中显示出各类元件的元件号范围，选中其中某一类元件的范围后，"元件名称"文本框中将显示程序中已有的元件名称。

　　单击某个元件的名称，该名称将出现在左边的"元件"文本框内。单击"确认"按钮，返回输入元件对话框。

　　放置梯形图中的垂直线时，垂直线从矩形光标左侧中点开始往下画。按 < Del > 键可以

电气控制与PLC(三菱FX机型)

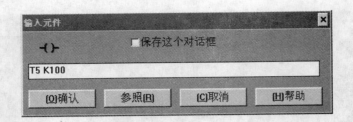

图 4-31　"输入元件"对话框

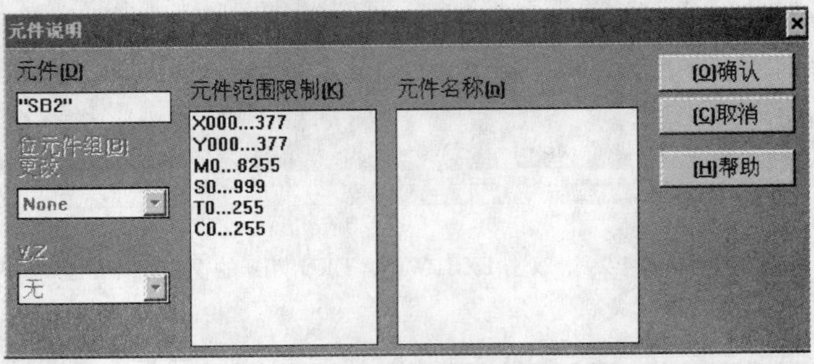

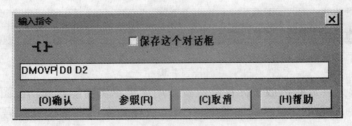

图 4-32　"元件说明"对话框

删除垂直线。被删除的垂直线的上端应在矩形光标左侧中点。

　　放置梯形图中用方括号表示的应用指令或 RST 等输出类指令时，单击图 4-30 中的 ⊣{⊦ 按钮，出现图 4-33 中的"输入指令"对话框。可以直接输入指令的助记符和指令中的参数，助记符与参数之间、参数与参数之间用空格分隔开，在输入的应用指令"DMOVP D0 D2"中，"P"表示在输入信号的上升沿时执行该指令，"MOV"之前的"D"表示是双字操作，即将 D0 和 D1 中的 32 位数据传送到 D2 和 D3 中去。

图 4-33　"输入指令"对话框

　　除了直接输入指令外，也可以单击图 4-33 中的"参照"按钮，弹出如图 4-34 所示的"指令表"对话框，帮助使用者输入指令。可以在"指令"文本框中直接输入指令助记符，在"元件"栏中输入该指令的参数。

　　单击"指令"文本框右侧的"参照"按钮，将弹出图 4-35 所示的"指令参照"对话框，帮助使用者选择指令。可以用"指令类型"列表框和右边的"指令"列表框选择指令，选中的指令将在左边的"指令"文本框中出现，按"确认"按钮后返回"指令表"对话框，该指令将出现在图 4-36 中的"指令表"对话框中。

　　单击图 4-36 中右边的"参照"按钮，将出现"元件说明"对话框，如图 4-37 所示，显

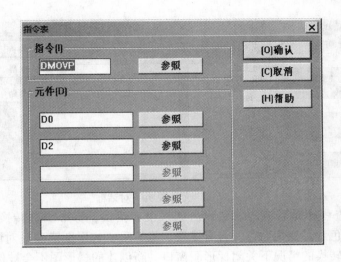

图 4-34　"指令表"对话框

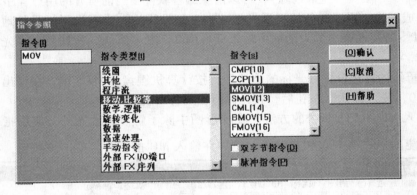

图 4-35　"指令参照"对话框

示元件的范围和所选元件类型中已存在的元件的名称，可以用该对话框来选择元件。

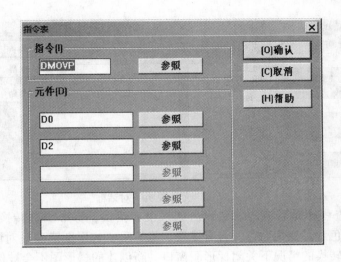

图 4-36　查找"指令表"对话框

（3）程序的转换和清除　编辑后的梯形图中的背景将变为灰色。执行菜单命令"工具

图 4-37　"元件说明"对话框

→转换",可以检查程序是否有语法错误。如果没有错误,梯形图被转换并存放在计算机内,同时图中的灰色背景变为白色。若有错误,将显示"梯形图错误"对话框。

如果在未完成转换的情况下关闭梯形图窗口,新创建的梯形图不会被保存。

用菜单命令"工具→全部清除",可以清除编程软件中当前所有的用户程序。

(4)生成标号　用深蓝色的矩形光标选中左侧母线的左边要设置标号的地方,按计算机键盘的 < P > 键,在弹出的对话框中输入标号值 2,按"确认"按钮后,在光标所在处将出现标号 P2。

在左侧母线的左边设置好光标的位置后,按计算机键盘的 < I > 键,在弹出的对话框中输入标号值 0,按"确认"按钮后,在光标所在处将出现标号 I0。

(5)输入 MC 和 STL 指令的方法　在梯形图中除了触点和线圈外,应用指令使用如图 4-38 所示功能图中的 [} 按钮来输入。例如在输入 MC 指令时,单击该按钮,在出现的对

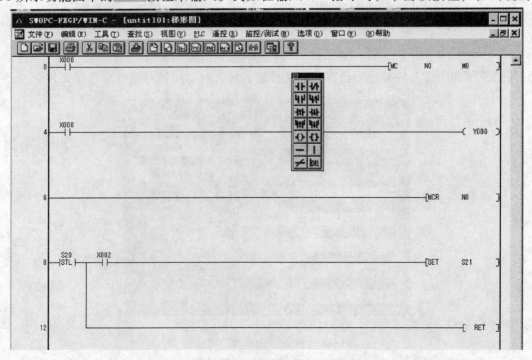

图 4-38　输入 MC 和 STL 指令的窗口

话框中输入"MC N0 M0",就会出现如图 4-38 所示中第 1 行的 MC 指令,但是只有在成功地执行菜单命令"工具→转换"后,才会出现左侧母线上 M0 的主控触点。

单击图 4-38 中的 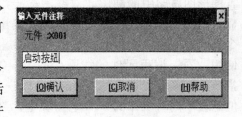按钮后输入"STL S20",就能生成图 4-38 中的 STL 触点。

（6）指令表的生成与编辑 执行菜单命令"视图→指令表",进入指令表编辑状态,可以逐行输入指令。每输入一条指令,都要按一次 < Enter > 键。

可以用计算机键盘上的 < Insert > 键在"插入"模式和"覆盖"模式之间切换。

指定了操作的步序号范围之后,在"视图"菜单中用菜单命令"NOP 覆盖写入"、"NOP 插入"和"NOP 删除",可以在指令表程序中作相应的操作。NOP 是空操作指令。

执行菜单命令"工具→指令",在弹出的"指令表"对话框中(如图 4-36 所示),将显示光标所在行的指令,如果原来是 NOP(空操作)指令,与梯形图中的操作相同,可以直接输入指令,也可以单击指令和元件框右边的"参照"按钮,在出现的对话框中选择指令或元件。

3. 注释的生成与编辑

（1）设置元件名 执行菜单命令"编辑→元件名",可以设置光标选中的元件的名称,例如"PBl",元件名只能使用数字和字符,一般由汉语拼音或英语的缩写和数字组成。输入的元件名将出现在该元件的下方。

（2）设置元件注释 执行菜单命令"编辑→元件注释",可以给光标选中的元件加上注释。例如利用如图 4-39 所示的"输入元件注释"对话框,可以将元件 X001 注释为"启动按钮"。注释也可以使用多行汉字。用类似的方法可以给线圈加上注释。

（3）添加程序块注释 执行菜单命令"工具→转换"后,执行菜单命令"编辑→程序块注释",可以在光标指定的程序块的上面加上程序块的注释。

（4）梯形图注释显示方式的设置 执行菜单命令"视图→显示注释",将弹出"梯形图注释设置"对话框,如图 4-40 所示,可以用多选框选择是否显示元件号、元件名称、元件注释、线圈注释和程序块注释,

图 4-39 "输入元件注释"对话框

以及元件注释和线圈注释每行的字符数和所占的行数,注释可以放在元件的上面或下面。

（5）中文注释显示日文的处理 在 FX-PCS/WIN-C 软件中输入中文注释时,显示的可能是日文字符。按下面的步骤将操作系统中的日文字体删除以后,才能显示中文注释。

1）打开 IE(Internet Explore),执行菜单命令"工具→Internet 选项"。

2）单击"Internet 选项"对话框的"常规"选项卡中的"字体"按钮。

3）在"字体"对话框(如图 4-41 所示)中选择"字符集"为"日文"。此时在"网页字体"和"纯文本字体"框中将会显示系统中已经安装的日文字体,其中有两种纯文本字体"MS Gothic"和"MS Mincho"。

4）在 Windows 的"控制面板"中打开"字体"对话框,删除如图 4-41 所示中的"纯文本字体"列表框中显示的这两种字体对应的文件。

5）如果在"字体"对话框中无法删除上述的字体文件,可以在"我的电脑"中删除"\ Windows \ Fonts"文件夹中对应的文件,也可以在 DOS 操作系统下删除上述文件。

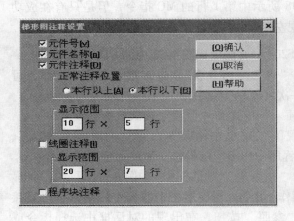

图 4-40 "梯形图注释设置"对话框

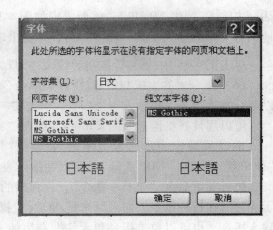

图 4-41 "字体"对话框

4. 编辑程序的其他操作

（1）程序检查 执行菜单命令"选项→程序检查"，在弹出的"程序检查"对话框（如图 4-42 所示）中可以选择检查的项目。

语法错误检查主要检查命令代码及命令的格式是否正确，电路错误检查用来检查梯形图电路中的缺陷。双线圈检验用于显示同一编程元件被重复用于某些输出指令的情况，可以设置检查哪些指令被重复使用。同一编程元件的线圈（对应于 OUT 指令）在梯形图中一般只允许出现一次。但是在不同时工作的 STL 电路块中，或者在跳步条件相反的跳步区中，同一编程元件的线圈可以分别出现一次。对同一元

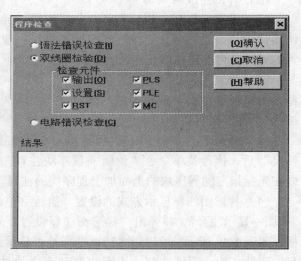

图 4-42 "程序检查"对话框

件，一般允许多次使用除 OUT 指令之外的其他输出类指令。

（2）视图命令 可以在"视图"菜单中选择显示梯形图、指令表、SFC（顺序功能图）或注释视图。

执行菜单命令"视图→注释视图→元件注释/元件名称"后，在对话框中选择要显示的元件号，将显示该元件及相邻元件的注释和元件名称。

执行菜单命令"视图→注释视图"，如图 4-43 所示，显示元件名称、元件注释、程序块注释和线圈注释视图。元件名称和程序块注释的对话框如图 4-44 所示，可以设置需要的元件名称与需要显示的起始步序号。

执行菜单命令"视图→寄存器"，弹出如图 4-45 所示的对话框。选择显示格式为"列表"时，可以用多种数据格式中的一种来显示所有数据寄存器中的数据。选择显示格式为"行"时，在一行中同时显示同一数据寄存器分别用十进制、十六进制、ASCII 码和二进制表示的值。执行菜单命令"视图→显示比例"可以改变梯形图的显示比例。

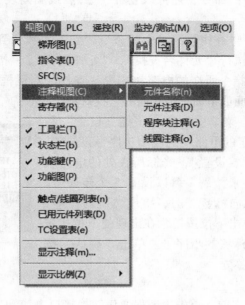

图 4-43 "注释视图"菜单

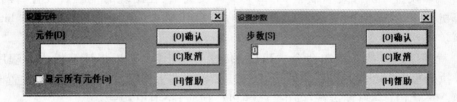

图 4-44　元件名称和程序块注释的对话框

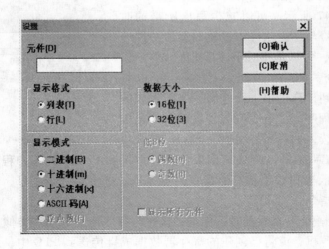

图 4-45 "寄存器"对话框

执行"视图"菜单中的命令，还可以查看"触点/线圈列表"、已用元件列表和 TC 设置表。

（3）查找功能　执行"查找"菜单中的命令"到顶"和"到底"，可以将光标移至梯形图的开始处或结束处。执行"元件名查找"、"元件查找"、"指令查找"和"触点/线圈查找"命令，可以查找到指令所在的电路块，按"查找"对话框中的"向上"和"向下"按钮，可以找到光标的上面或下面其他相同的查找对象。

（4）标签　"查找"菜单中的命令"标签设置"和"跳向标签"是为跳到指定的电路块的起始步序号设置的。执行菜单命令"查找→标签设置"，光标所在处的电路块的起始步序号将被记录下来，最多可以设置 5 个步序号。执行菜单命令"查找→跳向标签"时，出现"跳向标签"对话框如图 4-46 所示。单击下拉按钮，在出现的下拉式步序号列表中选择要跳至的标签的步序号。单击"确认"按钮后，将跳转至选择的标签处。

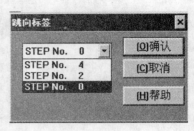

图 4-46　"跳向标签"对话框

5. PLC 的在线操作

对 PLC 进行在线操作之前，首先用编程通信转换接口电缆 SC-09，连接好计算机的 RS-232C 接口(或者 USB 接口)和 PLC 的通信接口，并设置好计算机的通信端口参数。

（1）端口设置　执行菜单命令"PLC→"口设置"，在出现的"端口设置"对话框中，选择计算机与 PLC 通信的 RS-232C 串行口(或 USB 接口)和通信速率(9600 bit/s 或 19 200bit/s)。

（2）程序传送　执行菜单命令"PLC→传送→写出"，可以将计算机中的程序下载到 PLC 中。执行写出命令时，PLC 应处于"STOP"模式。工作模式开关在 RUN 位置时，可以使用菜单命令"PLC→遥控运行/停止"，将 PLC 切换到 STOP 模式。

如果使用了 RAM 或 EEPROM 存储器卡，其写保护开关应处于关断状态。在弹出的对话框中选择"范围设置"，如图 4-47 所示，可以减少写出所需的时间。PLC 的实际型号与编程软件中设置的型号必须一致。传送中的"读、写"是相对于计算机而言的。

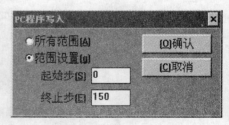

图 4-47 "PC 程序写入"对话框

执行菜单命令"PLC→传送→读入"，可以将 PLC 中的程序传送到计算机中，最好用一个新生成的程序来存放读入的程序。执行完读入功能后，计算机中的用户程序将被读入的程序替代。

菜单命令"PLC→传送→校验"用来比较计算机和 PLC 中的用户程序是否相同。如果二者不符合，将显示与 PLC 不相符的指令的步序号。选中某一步序号，可以显示计算机和 PLC 中该步序号的指令。

（3）寄存器数据传送　寄存器数据传送的操作与程序传送的操作类似，用来将 PLC 中的寄存器数据读入计算机，或将已创建的寄存器数据成批传送到 PLC 中，或者比较计算机与 PLC 中的寄存器数据。

（4）存储器清除　执行菜单命令"PLC→存储器清除"，在弹出的对话框中可以选择：

1）"PLC 存储空间"清除后，顺控程序全部变为空操作指令 NOP，参数被设置为默认值。

2）将数据文件缓冲区中的数据清零。

3）将位元件 X、Y、M、S、T、C 复位为 OFF 状态。

按"确认"按钮执行清除操作，特殊数据寄存器的数据不会被清除。

（5）PLC 的串口设置　计算机和 PLC 之间使用通信指令和 RS-232C 通信适配器进行通信时，通信参数用特殊数据寄存器 D8120 来设置，执行菜单命令"PLC→串口设置（D8120）"时，在"串口设置（D8120）"对话框中设置与通信有关的参数。执行此命令后设置的参数将传送到 PLC 的 D8120 中去。

（6）PLC 口令修改与删除

1）执行菜单命令"PLC→口令修改与删除"，在弹出的"PLC 设置"对话框的"新口令"文本框中输入新口令，单击"确认"按钮或按 < Enter > 键完成操作。设置口令后，在执行传送操作之前必须先输入正确的口令。

2）在"旧口令"文本框中输入原有口令，在"新口令"文本框中输入新的口令，单击"确认"按钮或按 < Enter > 键，旧口令被新口令代替。

3）在"旧口令"文本框中输入 PLC 原有的口令，在新口令文本框中输入 8 个空格，单击"确认"按钮或按 < Enter > 键后，口令被清除。执行菜单命令"PLC→PLC 存储器清除"后，口令也被清除。

（7）遥控运行/停止　执行菜单命令"PLC→遥控运行/停止"，在弹出的对话框中选择"运行"或"停止"，按"确认"按钮后可以改变 PLC 的运行模式。

（8）PLC 诊断　执行菜单命令"PLC→PLC 诊断"，将显示与计算机相连的 PLC 的状况，给出出错信息，扫描周期的当前值、最大值和最小值，以及 PLC 的 RUN/STOP 运行状态。

6. 监控与测试功能

1）与 PLC 建立通信连接后，在梯形图显示方式执行菜单命令"监控/测试→开始监控"后，用绿色表示梯形图中的触点或线圈接通，定时器、计数器和数据寄存器的当前值在元件号的上面显示。

2）执行菜单命令"监控/测试→元件监控"后，出现元件监控画面，画面中绿色的小方块表示常开触点闭合、线圈通电。双击左侧的深蓝色矩形光标，出现"设置元件"对话框，输入元件号和连续监视的点数（元件数），可以监控元件号相邻的若干个元件，显示的数据可以选择 16 位或 32 位格式。

在监控画面中用鼠标选中某一被监控元件后，按 < Del > 键可以将它删除，停止对它的监控。执行菜单命令"视图→显示元件设置"，可以改变元件监控时显示的数据位数和显示格式（例如十进制或十六进制）。

3）执行菜单命令"监控/测试→强制 ON/OFF"，在弹出的"强制 ON/OFF"对话框（如图 4-48 所示）的"元件"栏内输入元件号，选择单选框中的"设置"（即为置位，Set）后按"确认"按钮，将该元件置为 ON。选"重新设置"（即为复位，Reset）后按"确认"按钮，将该元件置为 OFF。按"取消"按钮后关闭强制对话框。

菜单命令"监控/测试→强制 Y 输出"与"监控/测试→强制 ON/OFF"的使用方法相

同，在弹出的对话框中，ON 和 OFF 取代了图 4-48 中的"设置"和"重新设置"。

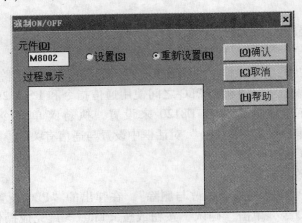

图 4-48　"强制 ON/OFF"对话框

4）执行菜单命令"监控/测试→改变当前值"后，在弹出的对话框中输入元件号和新的当前值，按"确认"按钮后新的值送入 PLC。

5）改变计数器或定时器的设定值仅在监控梯形图时有效，如果光标所在位置为计数器或定时器的线圈，执行菜单命令"监控/测试→改变设置值"后，在弹出的对话框中将显示出计数器或定时器的元件号和原有的设定值。输入新的设定值后按"确认"按钮，新的值被送入 PLC。用同样的方法可以改变 D、V 或 Z 的当前值。

三、拓展知识

1. 通信设置

计算机上的 COM1 口已与 PLC 相连，要将计算机上与 PLC 通信的 RS-232 串行口设定为 COM1。执行菜单命令"PLC→端口设置"（如图 4-49 所示），弹出的"端口设置"对话框如图 4-50 所示，选中 COM1 后单击"确认"。

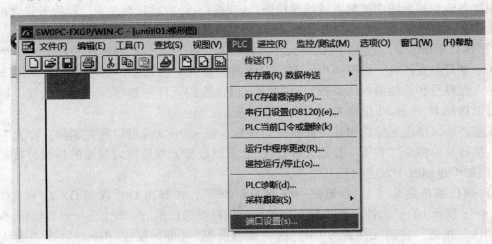

图 4-49　通信设置的菜单

执行菜单命令"PLC→串行口设置（D8120）"，如图 4-51 所示，该对话框所设置的通信参数将传送到 PLC 的 D8120 中去。

图 4-50　"端口设置"对话框

2. 编程软件与 PLC 的参数设置

"选项"菜单主要用于参数设置，包括口令设置、PLC 型号设置、串行口参数设置、元件范围设置和字体的设置等。使用"注释移动"命令可以将程序中的注释复制到注释文件中。菜单命令"打印文件题头"用来设置打印时标题中的信息。

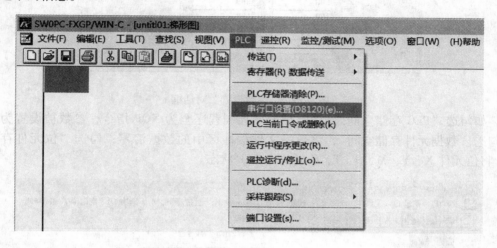

图 4-51　串行口设置的菜单

执行菜单命令"选项→PLC 模式设置"，在弹出的"PLC 模式设置"对话框（如图 4-52 所示）中，可以设置将某个输入点（图中为 X000）作为外接的 RUN 开关来使用。

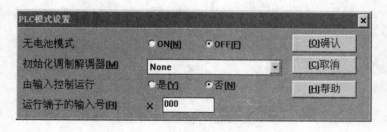

图 4-52　"PLC 模式设置"对话框

执行菜单命令"选项→参数设置"，在弹出的"参数设置"对话框（如图 4-53 所示）中，可以设置实际使用的存储器的容量，设置是否使用以 500 步（即 500 字）为单位的文件寄存器和注释区，以及有锁存（断电保持）功能的元件的范围。如果没有特殊的要求，按"缺省"按钮后，使用默认的设置值。

3. 存储器清除

执行菜单命令"PLC→PLC 存储器清除"（如图 4-54 所示），在弹出的对话框（如图 4-55 所示）中，可以勾选，按"确认"按钮后，执行清除操作，但特殊数据寄存器的数据不会被

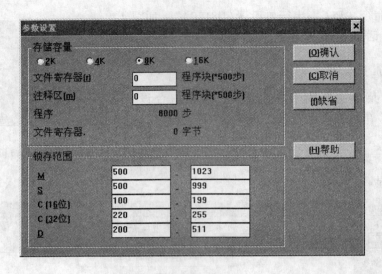

图 4-53 "参数设置"对话框

清除。如勾选"PLC 存储空间",清除后顺序控制程序全为 NOP 指令,参数被设置为默认值;勾选"数据元件存储空间",将数据文件缓冲区中的数据清零;勾选"位元件存储空间",将位元件 X、Y、M、S、T、C 复位为 OFF 状态。

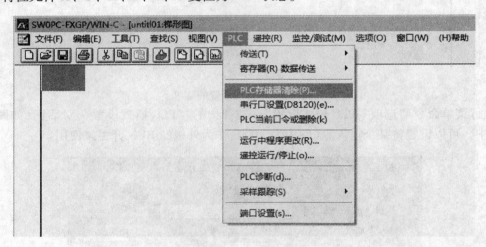

图 4-54 PLC 存储器清除的菜单

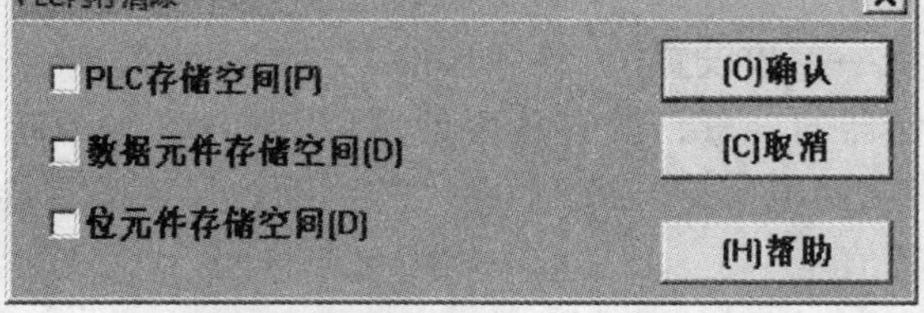

图 4-55 "PLC 内存清除"对话框

习　题　4

1. PLC 操作模式有哪 3 种？PLC 工作时应设置成哪种操作模式？

2. PLC 被设置成监视模式与运行模式有何区别？

3. 将编写好的程序写入 PLC 时，PLC 必须处在什么模式？

4. 如何用 GX-P 编程软件录入、保存、下载、测试梯形图程序？试举例说明。

5. 如何用 FXGP 编程软件录入、保存、下载、测试梯形图程序？试举例说明。

项目 5

步进顺序控制系统

教学目标

1. 掌握步进顺序控制指令的格式、使用方法。

2. 掌握步进顺序控制程序的分析方法。

3. 会用 PLC 实现对各类步进顺序系统的控制。

4. 能调试、排除步进顺序控制电路的常见故障。

模块 1　运输带控制系统

一、工作任务

根据运输带控制系统的要求，完成运输带 PLC 控制系统的硬件设计与制作，用顺序功能图法实现对运输带控制系统的软件设计，并能进行软、硬件的综合调试。

二、相关实践知识

为了防止货物在运输带上堆积，要求按下起动按钮 SB1，电动机 M1 立即起动，2s 后电动机 M2 自行起动，3s 后电动机 M3 自行起动，其整个工作过程自动完成。按下停止按钮 SB2，电动机 M3 立刻停止，4s 后电动机 M2 停止，5s 后电动机 M1 停止，避免货物在运输带上滞留，其整个工作过程自动完成。运输带实物示意图如图 5-1 所示。

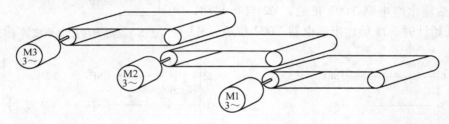

图 5-1　运输带实物示意图

1. 根据输入/输出继电器的个数，选择 PLC 机型

分析 PLC 的输入和输出信号，作为选择 PLC 机型的依据之一。现选择三菱公司生产的 FX2N 小型 PLC。用 PLC 实现运输带控制 I/O 地址分配与定时器分配表见表 5-1，其外部硬件接线图如图 5-2 所示。

表 5-1　I/O 地址分配与定时器分配表

输入	X000：起动按钮 SB1
	X001：停止按钮 SB2
输出	Y000：KM1，控制 M1
	Y001：KM2，控制 M2
	Y002：KM2，控制 M3
定时器	T0 控制 M2 顺序起动时间 2s
	T1 控制 M3 顺序起动时间 3s
	T2 控制 M2 逆序停转时间 4s
	T3 控制 M1 逆序停转时间 5s

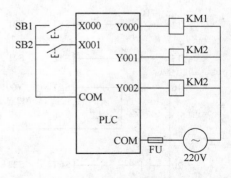

图 5-2　运输带控制系统的外部硬件接线图

2. 用顺序功能图法设计程序

根据运输带控制系统的要求，画出如图 5-3 所示的顺序功能图。对应于运输带控制系统的顺序功能图中的每一步转换成梯形图时，除了初始状态之外，其余的一般状态均要用 STL

/// 电气控制与PLC(三菱FX机型)

步进指令实现梯形图的转换；要返回原来的主母线时，用 RET 步进返回指令。从某一步返回到初始步（S0步），可以对初始步的 S0 用 SET 指令或 OUT 指令。顺序功能图中的状态继电器 S 不一定按编号的顺序选用。但在一系列的 STL 指令最后，必须写入 RET 指令表示步进顺控指令的结束，否则程序将出错而无法运行。图 5-4 所示为根据顺序功能图转换的步进顺控梯形图程序，图 5-5 所示为运输带控制系统的指令语句表。

3. 系统调试

按图 5-2 所示的外部硬件接线图接好线，将相应的控制梯形图程序输入 PLC 中进行调试。初始化脉冲 M8002 对初始步 S0 置位。当按下起动按钮 SB1 时，输出继电器 Y000 接通，电动机 M1 起动，定时器 T0 开始计时；2s 后输出继电器 Y001 接通，M2 自行起动，定时器 T1 开始计时；3s 后输出继电器 Y002 接通，M3 自

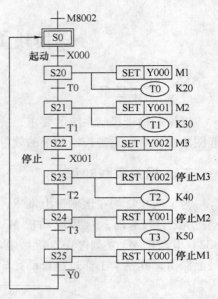

图 5-3　运输带控制系统的顺序功能图

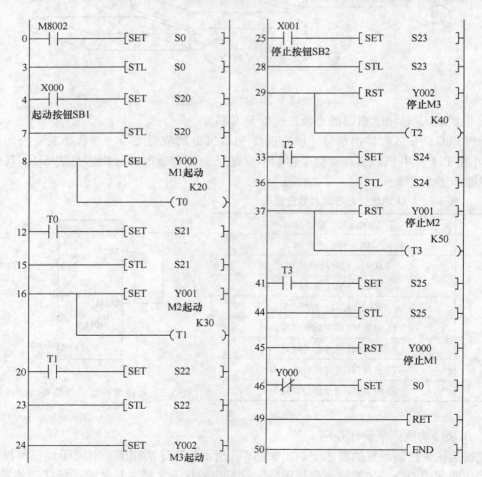

图 5-4　运输带控制系统的步进顺控梯形图

行起动。按下停止按钮 SB2，输出继电器 Y002 断开，电动机 M3 停止运转，定时器 T2 开始计时；4s 后输出继电器 Y001 断开，电动机 M2 停止运转，定时器 T3 开始计时；5s 后输出继电器 Y000 断开，电动机 M1 停止运转。

三、相关理论知识

1. 状态继电器(S)

状态继电器(S)是 PLC 在顺序控制系统中实现控制的重要内部元件，常与 STL 指令组合使用，主要用于编程状态中顺控状态的描述和初始化。状态继电器与 STL 指令组合使用，可编写出易懂的顺序控制程序。当状态继电器不与 STL 指令组合使用时，可作为通用辅助继电器(M)使用，其地址采用十进制编号。FX2N 共有 1000 个状态继电器，状态继电器分成五类，其编号与用途见表 5-2。

0	LD	M8002		25	LD	X001	
1	SET	S0		26	SET	S23	
3	STL	S0		28	STL	S23	
4	LD	X000		29	RST	Y002	
5	SET	S20		30	OUT	T2	K40
7	STL	S20		33	LD	T2	
8	SET	Y000		34	SET	S24	
9	OUT	T0	K20	36	STL	S24	
12	LD	T0		37	RST	Y001	
13	SET	S21		38	OUT	T3	K50
15	STL	S21		41	LD	T3	
16	SET	Y001		42	SET	S25	
17	OUT	T1	K30	44	STL	S25	
20	LD	T1		45	RST	Y000	
21	SET	S22		46	LDI	Y000	
23	STL	S22		47	SET	S0	
24	SET	Y002		49	RET		
				50	END		

图 5-5　运输带控制系统的指令语句表

表 5-2　状态继电器编号与用途

类　别	元 件 编 号	个　数	用途及特点
初始状态	S0 ~ S9	10	用做 SFC 的初始状态
返回状态	S10 ~ S19	10	多运行模式控制中，用做返回原点的状态
一般状态	S20 ~ S499	480	用做 SFC 的中间状态
掉电保持状态	S500 ~ S899	400	具有停电保持功能，用于停电恢复后需继续执行的场合
信号报警状态	S900 ~ S999	100	用做报警元件使用

2. 步进顺控指令

FX2N 系列 PLC 步进顺控指令有两条 STL 和 RET。

STL 指令：步进开始指令，是利用状态继电器(S)，在顺序控制程序中进行工序步进控制的指令。

RET 指令：步进结束指令，是表示状态(S)流程的结束，用于返回主程序(母线)的指令。

步进顺控指令的使用说明：

1）STL 是用于状态继电器的常开触点与母线的连接，RET 是用于步进触点返回母线。

2）STL 和 RET 通常要配合使用，这是一对步进(开始和结束)指令。

3）STL 仅对 S 状态继电器的常开触点起作用，且必须与左母线直接连接。其触点可以直接驱动或通过其他触点去驱动 Y、M、S、T 等元件的线圈，使之复位或置位。

4）STL 指令完成的是步进功能，所以当后一个触点闭合时，前一个触点便自动复位，因此在 STL 触点的电路中允许双线圈输出。

5）STL指令在同一个程序中对同一状态继电器只能使用一次，说明控制过程中同一状态只能出现一次。

6）相邻步不能重复使用同一个定时器T或计数器C，对于分隔的两个状态可以使用同一个定时器T或计数器C。

3. 顺序功能图组成

顺序功能图(SFC)是FX2N系列PLC专门用于编制顺序控制程序的一种编程语言。顺序功能图法可以将一个复杂的控制过程分解为一些小的工作状态，将这些工作状态的功能依次处理后再把这些工作状态依一定顺序控制要求组合成整体的控制程序。它由步、有向连线、动作、转换条件、转换组成，如图5-6所示。

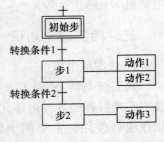

图 5-6　顺序功能图

（1）步　顺序功能图中的"步"是控制过程中的一个特定状态。步又分为初始步和工作步，在每一步中要完成一个或多个特定的动作。初始步表示一个控制系统的初始状态，所以，一个控制系统必须有一个初始步，初始步可以没有具体要完成的动作。

当系统程序执行到某一步时，该步相应的动作被执行，则该步称为活动步。

（2）有向连线　步与步之间的连线称为有向连线。步的进展是按有向连线规定的路线进行的，进展的方向一般是从上到下，如果不是这个方向，则应在有向连线上用箭头注明进展方向。

（3）动作　动作是指某步为活动步时，PLC向被控系统发出命令，或系统应执行的动作，如输出继电器Y000线圈通电。动作用矩形框，中间用文字或符号表示，一步可以有一个或几个动作。

（4）转换条件　转换条件就是使系统从当前步进入下一步的条件。通常转换条件有按钮、行程开关、定时器或计数器触点等。转换条件可以用文字语言、布尔代数表达式或图形符号标注在表示转换的短划线旁边。

（5）转换　从当前步进入下一步是由转换来完成的。转换是用与有向连线垂直的短划线表示，它将相邻两状态隔开。步与步之间实现转换必须具备以下两个条件：

1）前级步必须是"活动步"。

2）对应的转换条件成立。

4. 顺序功能图与梯形图的转换

采用步进指令进行程序设计时，首先要设计系统的顺序功能图，然后使用步进顺控指令STL和步进返回指令RET将顺序功能图转换成步进梯形图，再由梯形图转换成指令语句表。某系统的顺序功能图、梯形图与指令语句表的转换示意图如图5-7所示。

在将顺序功能图转换成梯形图时，首先要注意初始步的进入条件。初始步一般由系统的结束步控制进入，以实现顺序控制系统连续循环动作的要求。但是，在PLC初次上电时，必须采用其他的方法预先驱动初始步，使之处于工作状态，图5-7中采用特殊的辅助继电器M8002实现初始步S0的置位。其次是将某步作为活动步，它右边的电路被处理，即该步先进行负载的驱动处理，然后进行转移处理。

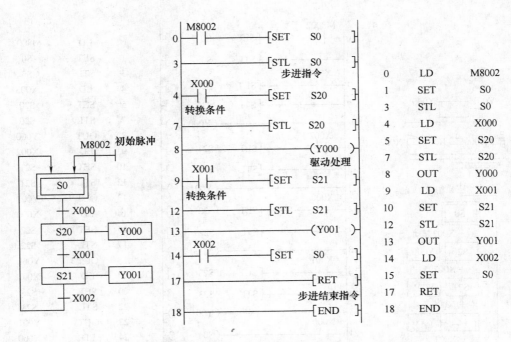

图 5-7　顺序功能图、梯形图与指令语句表的转换示意图

5. 顺序功能图的类型

顺序功能图从结构上来分，可分为单序列结构、选择序列结构和并行序列结构三种。

（1）单序列结构　单序列结构的顺序功能图没有分支，每个步后只有一个步，所表示的动作顺序是一个接着一个完成。每步连接着转移，转移后面也仅连接一个步。如图 5-8 中的小车，它在一个周期内的运动由图中自上而下的 4 段组成，它们分别对应于 S20 ~ S23 代表的 4 步，S0 是初始步。

SET 指令用于将 STL 状态置位为 ON 并保持，以激活对应的步。SET 指令一般用于驱动状态的元件号比当前步的状态的元件号大的 STL 步。OUT 指令用于顺序功能图中的闭环和跳步序列结构中。

（2）选择序列结构　由两个及以上的分支组成的，但只能从中选择一个分支执行的程序，称为选择序列。

1）选择序列的分支的编程方式。例如，图 5-9 中的步 S0 之后有一个选择序列的分支。当步 S0 是活动步（S0 为 ON）时，如果转换条件 X000 为 ON，将执行左边的序列：如果转换条件 X002 为 ON，将执行右边的序列。

选择序列梯形图的设计方法与单序列的梯形图设计方法基本上一样。如果在某一步的后面有 N 条选择序列的分支，则该步的 STL 触点开始的电路块中应有 N 条分别指明各转换条件和转换目标的并联电路。例如步 S0 之后的转换条件为 X000 和 X002，可能分别转换到步 S20 和步 S21，在 S0 的 STL 触点开始的电路块中，有两条由 X000 和 X002 作为置位条件的并联支路。

2）选择序列的合并的编程方式。步 S22 之前有一个由两条支路组成的选择序列的合并，当 S20 为活动步，转换条件 X001 得到满足，或者 S21 为活动步，转换条件 X003 得到满足，都将使步 S22 变为活动步，同时系统程序将原来的活动步变为不活动步。

在梯形图中，由 S20 和 S21 的 STL 触点驱动的电路块中的转换目标均为 S22，对它们的

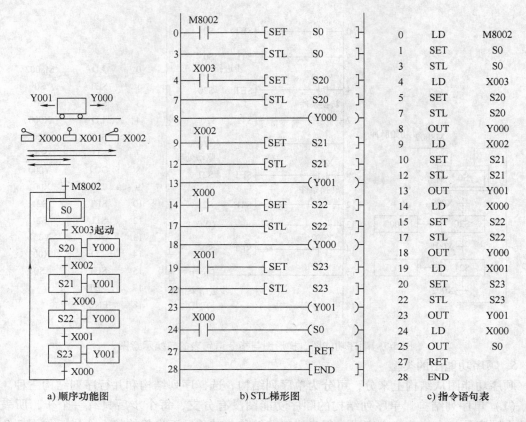

a) 顺序功能图   b) STL 梯形图   c) 指令语句表

图 5-8   STL 指令顺序控制梯形图

后续步 S22 的置位(将它变为活动步)是用 SET 指令实现的,对相应前级步复位(将它变为不活动步)是由系统程序自动完成的。

　　当 STL 指令结束时,一定要使用 RET 指令,才能使 LD 点回到左母线上,否则系统将不能正常工作。

　　(3)并行序列结构　由两个及以上的分支程序组成的,但必须同时执行各分支的程序,称为并行序列。

　　如图 5-9 所示,分别由 S23、S24 和 S25、S26 组成的两个单序列是并行工作的,设计梯形图时应保证这两个序列同时开始工作和同时结束,即两个序列的第一步 S23 和 S25 应同时变为活动步,两个序列的最后一步 S24 和 S26 应同时变为不活动步。

　　并行序列的分支的处理是很简单的,当 S22 是活动步,并且转换条件 X004 为 ON 时,S23 和 S25 同时变为活动步,两个序列开始同时工作。在如图 5-10 所示的梯形图中,当 S22 的 STL 触点和 X004 的常开触点均接通时,S23 和 S25 被 SET 指令同时置位,系统程序将前级步 S22 变为不活动步。

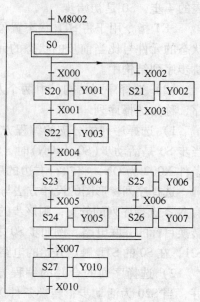

图 5-9　选择序列与并行序列

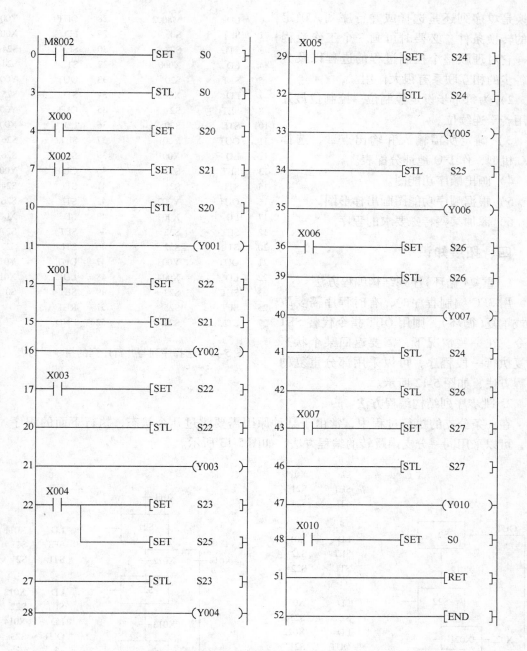

图 5-10　选择序列与并行序列的梯形图

图 5-11 所示为梯形图对应的指令语句表。并行序列合并处的转换有两个前级步 S24 和 S26，根据转换实现的基本规则，当它们均为活动步并且转换条件满足（即 S24·S26·X007 =1）时，将实现并行序列的合并，即转换的后续步 S27 变为活动步（S27 被置位），转换的前级步 S24 和 S26 同时变为不活动步。

6. 用顺序功能图法编程的基本步骤

1）分析控制要求，将控制过程分成若干个工作步，明确每个工作步的功能，弄清步的转换是单序列还是选择或并行序列，确定步的转换条件。必要时可画一个工作流程图，它对理顺整个控制过程的进程以及分析各步的相互联系有很大作用。

2）为每个步设定控制位。控制位最好使用若干连续位。

3）确定所需输入和输出点数，选择 PLC 机型，作 I/O 地址分配表。

4）画出顺序功能图。

5）根据顺序功能图画出梯形图。

6）添加某些特殊要求的程序。

四、拓展知识

1. 重复（循环）序列结构编程方法

用 SFC 编制程序时，有时程序需要跳转或重复（循环），则用 OUT 指令代替 SET 指令。在一些情况下，需要返回某个状态重复执行一段程序，可以采用部分重复的编程方法，如图 5-12 所示。

2. 跳步序列结构编程方法

在一条分支的执行过程中，常由于某种原因需要跳过几个状态，执行下面的程序。此时，可以采用同一分支内跳转的编程方法，如图 5-13 所示。

0	LD	M8002	28	OUT	Y004
1	SET	S0	29	LD	X005
3	STL	S0	30	SET	S24
4	LD	X000	32	STL	S24
5	SET	S20	33	OUT	Y005
7	LD	X002	34	STL	S25
8	SET	S21	35	OUT	Y006
10	STL	S20	36	LD	X006
11	OUT	Y001	37	SET	S26
12	LD	X001	39	STL	S26
13	SET	S22	40	OUT	Y007
15	STL	S21	41	STL	S24
16	OUT	Y002	42	STL	S26
17	LD	X003	43	LD	X007
18	SET	S22	44	SET	S27
20	STL	S22	46	STL	S27
21	OUT	Y003	47	OUT	Y010
22	LD	X004	48	LD	X010
23	SET	S23	49	SET	S0
25	SET	S25	51	RET	
27	STL	S23	52	END	

图 5-11 选择序列与并行序列的指令语句表

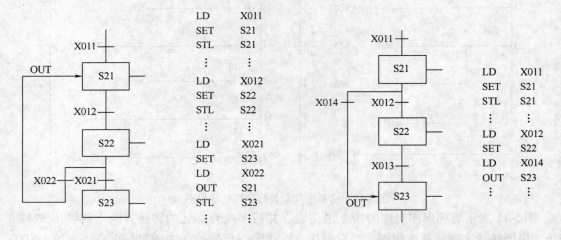

图 5-12 部分重复的编程示例　　图 5-13 同一分支内跳转的编程示例

当要求程序从一条分支的某个状态跳转到另一条分支的某个状态继续执行时，可采用跳转到另一条分支的编程方法，如图 5-14 所示。

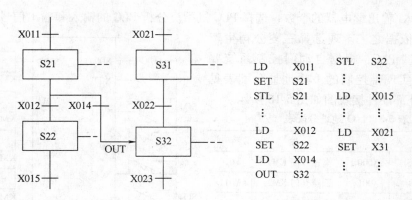

图 5-14　跳转到另一条分支的编程示例

模块 2　自动门控制系统

一、工作任务

根据自动门控制系统的要求，完成自动门 PLC 控制系统的硬件设计与制作，用顺序功能图法实现对自动门控制系统的软件设计，并能进行软、硬件的综合调试。

二、相关实践知识

许多公共场所都安装自动门，其结构示意图如图 5-15 所示，人靠近自动门时，红外感应器 S 动作，电动机高速开门，碰到开门减速开关 SQ1 时，变为低速开门。碰到开门限位开关 SQ2 时，电动机停止运转，并开始计时，若 1s 时间内感应器没有检测到人，电动机高速关门，碰到关门减速开关 SQ3 时，改为低速关门，碰到关门限位开关 SQ4 时电动机停止运转。在关门期间若感应器检测到有人，停止关门，0.5s 后自动转换为高速开门。

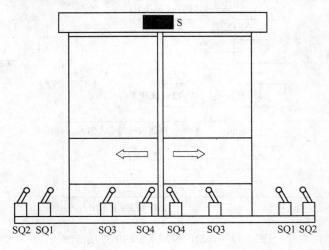

图 5-15　自动门的结构示意图

1. 选择 PLC 机型

根据输入/输出继电器的个数，选择PLC机型。分析PLC的输入和输出信号，作为选择PLC机型的依据之一。现选择三菱公司生产的FX2N小型PLC，根据自动门控制系统要求，用PLC实现带控制的I/O地址分配表见表5-3，其外部硬件接线图如图5-16所示。

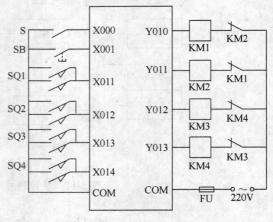

表5-3 I/O地址分配表

输　　入		输　　出	
红外感应器 S	X000	高速开门 KM1	Y010
停止按钮 SB	X001	低速开门 KM2	Y011
开门减速开关 SQ1	X011	高速关门 KM3	Y012
开门限位开关 SQ2	X012	低速关门 KM4	Y013
关门减速开关 SQ3	X013		
关门限位开关 SQ4	X014		

图5-16　自动门控制系统的外部硬件接线图

2. 利用步进指令设计程序

（1）设计程序　根据自动门控制系统的要求，画出如图5-17所示的顺序功能图。自动门在关门时会有两种选择，关门期间无人要求进出时继续完成关门动作，但若关门期间又有人要求进出时，则要停止关门动作，改为开门让人进出后再关门。

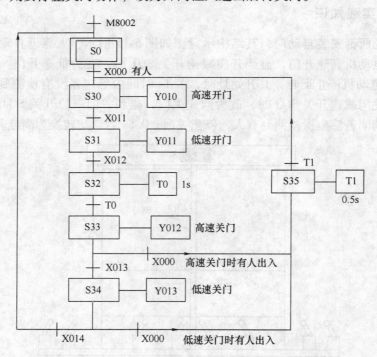

图5-17　自动门控制系统的顺序功能图

在步S30之前有一个选择分支的合并，当S0步为活动步并且转换条件X000为ON时，或S35步为活动步且转换条件T1定时时间到时，S30步都应变为活动步。另外，S33步之后有一个选择分支的处理，当它的后续步 S34 或 S35 变为活动步时，它应变为不活动步。

初始化脉冲 M8002 对初始步 S0 置位，当感应开关 X000 检测到有人时，就高速继而减速开门，门全开时延时 1s 后高速关门，此时有两种情况可供选择：一种是无人，就压到关门减速开关 SQ3 开始减速关门；一种是正在高速关门时，X000 检测到有人，系统就延时 0.5s 后重新高速开门。在 S34 对应的这一步正在减速关门时，也有上述两种情况存在，所以有两个选择分支。

将图 5-17 所示的顺序功能图转换成图 5-18 所示的梯形图，图 5-19 所示为梯形图对应的指令语句表。顺序功能图在执行的过程中，只要满足执行条件，就会一步一步往下执行，系统不会停止。因此，需要利用区间复位指令 "ZRST S30 S34"，对状态继电器 S30～S34 全部复位，系统才会停止。在梯形图中，用停止按钮 X001 对 S30～S35 状态继电器进行复位。

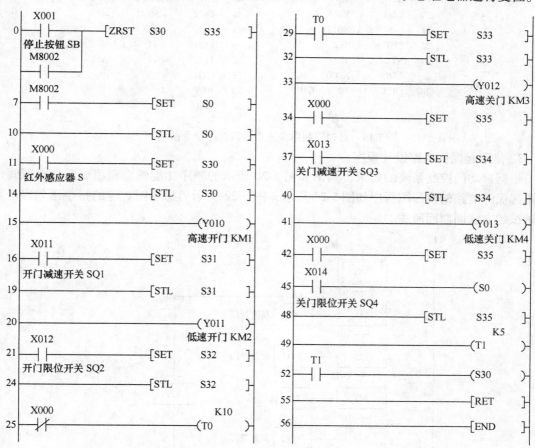

图 5-18　自动门利用步进指令设计的梯形图

（2）系统调试　首先按下感应开关 X000，Y010 通电，高速开门。压下开门减速开关 X011，Y011 通电，减速开门。压下开门限位开关 X012，延时 1s，Y012 通电，高速关门。若此时选择压下关门减速开关 X013，Y013 通电，减速关门，若此时检测到有人，即 X000 为 ON，延时 0.5s 后，Y010 通电，高速开门，继续按上述的方法重复运行。其他选择分支的调试与此相同，这里不再赘述。

0	LD	X001		29	LD	T0
1	OR	M8002		30	SET	S33
2	ZRST	S30	S35	32	STL	S33
7	LD	M8002		33	OUT	Y012
8	SET	S0		34	LD	X000
10	STL	S0		35	SET	S35
11	LD	X000		37	LD	X013
12	SET	S30		38	SET	S34
14	STL	S30		40	STL	S34
15	OUT	Y010		41	OUT	Y013
16	LD	X011		42	LD	X000
17	SET	S31		43	SET	S35
19	STL	S31		45	LD	X014
20	OUT	Y011		46	OUT	S0
21	LD	X012		48	STL	S35
22	SET	S32		49	OUT	T1	K5
24	STL	S32		52	LD	T1
25	LDI	X000		53	OUT	S30
26	OUT	T0	K10	55	RET	
				56	END	

图 5-19 自动门利用步进指令设计的指令语句表

3. 使用起保停电路设计程序

根据自动门控制系统的要求，画出如图 5-20 所示的顺序功能图。利用顺序功能图画出使用起保停电路的梯形图程序如图 5-21 所示，图 5-22 所示为梯形图对应的指令语句表。系统调试的方法同前面所述。

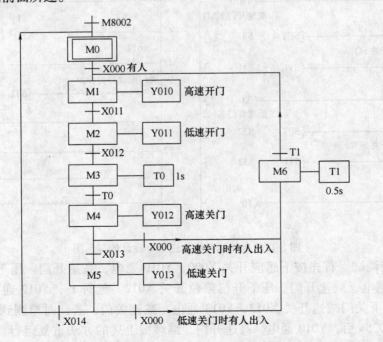

图 5-20 自动门使用起保停电路的顺序功能图

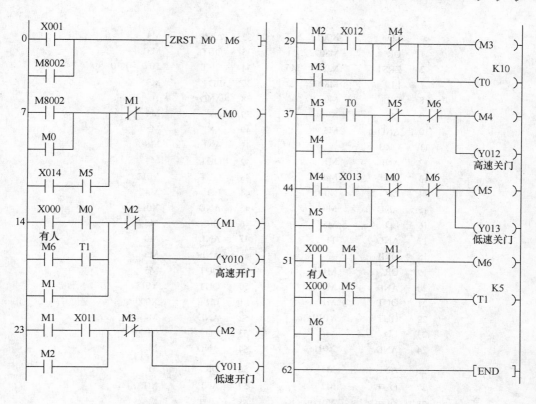

图 5-21 自动门使用起保停电路的梯形图程序

三、相关理论知识

1. 应用指令的格式

FX2N 系列 PLC 的应用指令采用梯形图和助记符相结合的表达方式，在数据处理的应用指令中，根据数据的位长分为 16 位与 32 位。此外，根据指令各自的执行形式，分连续执行型与脉冲执行型，应用指令可将这些形式组合使用或单独使用。

应用指令的通用格式如图 5-23 所示。应用指令中[S·]表示源(Source)操作数，[D·]表示目标(Destination)操作数。S 和 D 右边的"·"表示可以使用变址功能。n 或 m 表示其他操作数，或源操作数和目标操作数的补充说明。图 5-23 所示的指令功能为

$$\frac{(D0) + (D1) + (D2)}{3} \rightarrow (D4)$$

图 5-24 所示为连续执行型应用指令的两种格式，指令助记符 MOV 之前的"D"表示处理 32 位双字数据。当 X000 接通时，在每一个扫描周期都执行指令，将 D10 中 16 位的数据传送到 D12 中；当 X001 接通时，将(D20、D21)中共 32 位的数据传送到 D22、D23 中。

图 5-25 所示为脉冲执行型应用指令的两种格式，MOV 后面的"P"表示脉冲(Pulse)执行，即指令仅在输入 X002 或 X003 由 OFF→ON 状态时执行一次，其他时刻不执行，所以处理速度快。因此在源操作数[S]数据不变，并且不需要时时数据更新目标操作数[D]时，尽量采用脉冲执行型指令。

0	LD	X001		32	ANI	M4
1	OR	M8002		33	OUT	M3
2	ZRST	M0	M6	34	OUT	T0	K10
7	LD	M8002		37	LD	M3
8	OR	M0		38	AND	T0
9	LD	X014		39	OR	M4
10	AND	M5		40	ANI	M5
11	ORB			41	ANI	M6
12	ANI	M1		42	OUT	M4
13	OUT	M0		43	OUT	Y012
14	LD	X000		44	LD	M4
15	AND	M0		45	AND	X013
16	LD	M6		46	OR	M5
17	AND	T1		47	ANI	M0
18	ORB			48	ANI	M6
19	OR	M1		49	OUT	M5
20	ANI	M2		50	OUT	Y013
21	OUT	M1		51	LD	X000
22	OUT	Y010		52	AND	M4
23	LD	M1		53	LD	X000
24	AND	X011		54	AND	M5
26	ANI	M3		56	OR	M6
27	OUT	M2		57	ANI	M1
28	OUT	Y011		58	OUT	M6
29	LD	M2		59	OUT	T1	K5
30	AND	X012		62	END	
31	OR	M3				

图 5-22　自动门使用起保停电路的指令语句表

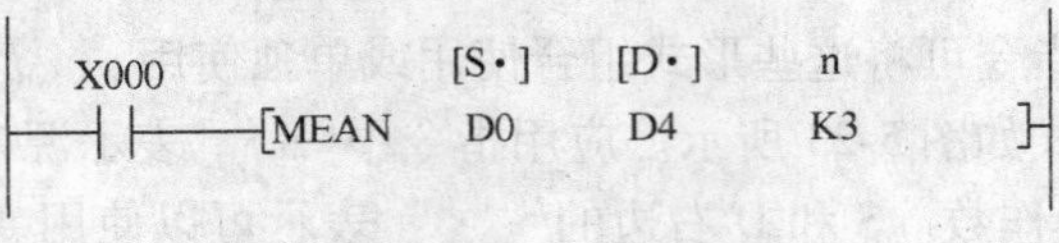

图 5-23　应用指令的通用格式

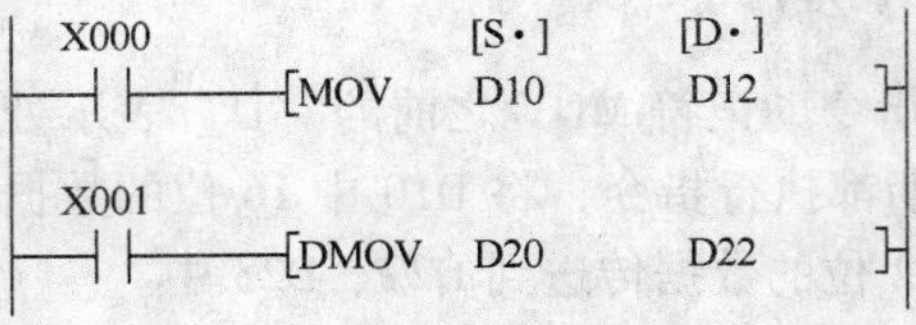

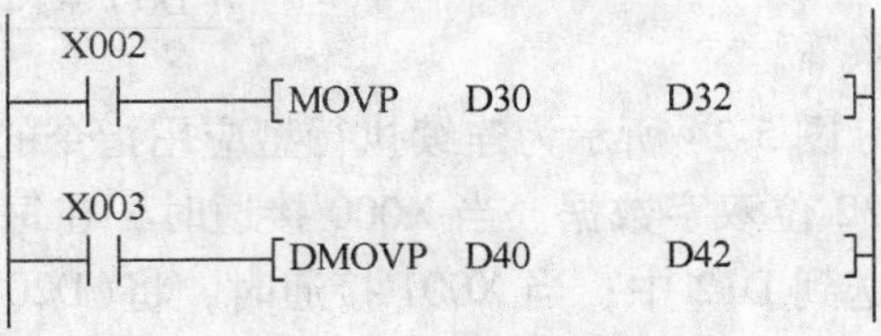

图 5-24　连续执行型应用指令的两种格式　　　图 5-25　脉冲执行型应用指令的两种格式

2. 应用指令的数据结构

（1）位元件和字元件　X、Y、M、S 等只有 ON 和 OFF 两种状态，用数字表示为 1 和 0，称之为位元件。另一种由多位数据组成的元件称为字元件，如 D、T、C 等。功能指令处理的大多数元件为字元件，为使 X、Y、M、S 也能以字为单位进行处理，往往将多个位元件按一定规律组合成字元件，以 KnX、KnY、KnM、KnS 等形式表示，作为数值数据进行处理。组合时，每连续 4 位位元件组成一组，用符号 Kn 表示，其中 n 表示组数。16 位数据用 K1 ～ K4，32 位数据用 K1 ～ K8，例如：K2X0 表示由 X7、X6、X5、X4、X3、X2、X1、X0 这 8 个位元件组成二进制 8 位数据，当执行 MOV K2X0 D10 指令时，就将从 X7 到 X0 这 8 位二进制数送入 D10，由于 D10 是十六位的寄存器，当送入的数据为 8 位时，自动存入低 8 位，而高 8 位补 0。

每个字元件以 4 位为一组，因此不同位数的字表示方法不同，如 K1Xn、K1Yn 表示四位的字，K2Xn、K2Mn 表示 8 位的字，K4Xn、K4Yn 表示 16 位的字。K8Yn、K8Mn 表示 32 位的字。组成字时要注意位元件的制式，输入继电器 X 和输出继电器 Y 是八进制，其余都是十进制。

（2）变址寄存器 V 和 Z 的使用方法　变址寄存器 Vn 和 Zn 是 16 位的寄存器，n 为 0 ～ 7，Vn 有 V0 ～ V7 八个，Zn 有 Z0 ～ Z7 八个。在传送、比较等指令中，它们常用来改变操作数的地址。使用时将 V、Z 放在各种寄存器的后面充当后缀，操作数的实际地址就是寄存器当前值和 V 或 Z 内容之和。当进行 32 位运算时，将 V 和 Z 结合使用，指定 Z 为低 16 位，而 V 自动充当高 16 位。当不作为变址寄存器时，V 和 Z 可作为普通数据寄存器使用。可以用变址寄存器进行变址的软元件有 X、Y、M、S、P、T、C、D、K、H、KnX、KnY、KnM、KnS。当源或目标寄存器的表示方法为 S(∗) 或 D(∗) 时，说明该指令可以使用 V 或 Z 后缀来改变元件地址。如当 V1 = 8、Z2 = 14 时，D5V1 = D(5 + 8) = D13，D10Z2 = D(10 + 14) = D24。

3. ZRST 区间复位指令

ZRST 是区间复位指令，指令功能是把指定同类目标元件范围内的元件复位。对于数据元件，当前值变为 0，位元件状态为 OFF。指定元件必须属同一类且 D1 ≤ D2，当指定目标元件为通用计数器时，不能含高速计数器。操作数适用范围是位元件 Y、M、S 和字元件 T、C、D。

图 5-26 所示为 ZRST 指令的应用。当 X010 触点闭合时，每扫描一次该梯形图，就将 S0 ～ S17(共 18 点)状态继电器置为 0。

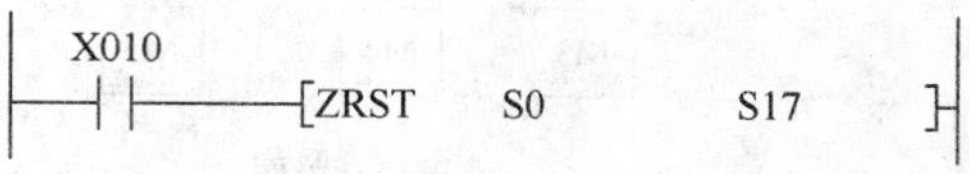

```
      X010
    ──┤├──────────────[ZRST    S0        S17   ]──
```

图 5-26　ZRST 指令的应用

4. 使用起保停电路的编程方法

根据顺序功能图来设计梯形图时，可以用辅助继电器 M 来代表步。当为活动步时，对应的辅助继电器为 ON，某一转换实现时，该转换的后续步变为活动步，前级步变为不活动步。很多转换条件都是短信号，即它存在的时间比它激活的后续步活动的时间短，因此应使用有记忆功能的电路(如起保停电路和置位复位指令组成的电路)来控制代表步的辅助继电器。

起保停电路仅仅使用与触点和线圈有关的指令，任何一种 PLC 的指令系统都有这一类指令，因此这一种通用的编程方法可以用于任意型号的 PLC。

（1）单序列起保停电路的编程方法　图 5-27 中的步 M1、M2 和 M3 是顺序功能图中顺序相连的 3 步，X001 是步 M2 之前的转换条件。设计起保停电路的关键是找出它的起动条件和停止条件。根据转换实现的基本原则，转换实现的条件是它的前级步为活动步，并且满足相应的转换条件，所以步 M2 变为活动步的条件是它的前级步 M1 为活动步，且转换条件 X001 为 ON。在起保停电路中，则应将前级步 M1 和转换条件 X001 对应的常开触点串联，作为控制 M2 的起动电路。

当 M2 和 X002 均为 ON 时，步 M3 变为活动步，这时步 M2 应变为不活动步，因此可以将 M3 为 ON 作为使辅助继电器 M2 变为 OFF 的条件，即将后续步 M3 的常闭触点与 M2 的线圈串联，作为起保停电路的停止电路。

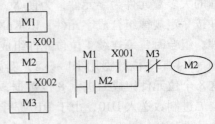

图 5-27　单序列起保停电路的编程方法

设计梯形图的输出电路时，还应注意以下问题。

1）如果某一输出量仅在某一步中为 ON，可以将其线圈分别与对应步的辅助继电器的线圈并联。

2）如果某一输出继电器在几步中都应为 ON，应将代表各有关步的辅助继电器的常开触点并联后，驱动该输出继电器的线圈。

（2）选择序列的起保停电路的编程方法

1）图 5-28a 中的步 M2 之后有一个选择序列的分支。当步 M2 是活动步（M2 为 ON）时，如果转换条件 X002 为 ON，将执行 M3 的序列：如果转换条件 X003 为 ON，将执行 M4 的序列；如果转换条件 X004 为 ON，将执行 M5 的序列。不管选择哪条序列，都将使 M2 变为不活动步，即 M2 为 OFF。利用起保停电路实现的选择序列梯形图如图 5-28b 所示。

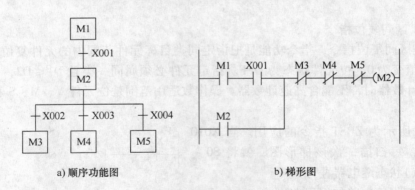

a) 顺序功能图　　　　　　　　　　b) 梯形图

图 5-28　利用起保停电路实现选择序列的编程方法

2）图 5-29a 中步 M4 之前有一个由三条支路组成的选择序列的合并，当 M1 为活动步、转换条件 X001 得到满足，或 M2 为活动步、转换条件 X002 得到满足，或 M3 为活动步、转换条件 X003 得到满足，都会将 M4 变为活动步，同时系统程序将原来的活动步变为不活动步。分支合并梯形图如图 5-29b 所示。

四、拓展知识

下面介绍并列序列的起保停电路的编程方法。

图 5-30 所示的顺序功能图是并行的，其中包括了两个单序列。下面以该图为例，说明由顺序功能图画梯形图的方法。

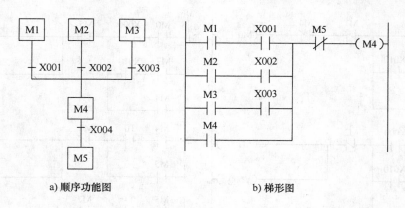

a) 顺序功能图　　　　　　　　b) 梯形图

图 5-29　分支合并的编程方法

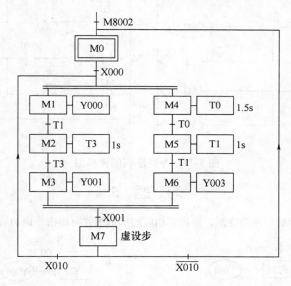

图 5-30　并列序列的顺序功能图

1）M0 为初始步，它是前面两个选择分支的合并步。因此，使 M0 成为活动步的条件是：M8002 为 ON，或 M7 为活动步且 X010 为 OFF。当 M1 和 M4 成为活动步时，M0 变为不活动步。所以 M1 或 M4 的常闭触点与 M0 的线圈相串联，再加上本步的自锁。

2）M1 是单序列的开始步，其成为活动步的条件是：M0 为活动步且转换条件 X000 为 ON，或 M7 为活动步且转换条件 X010 为 ON。当 M2 成为活动步时，M1 变为不活动步，所以把 M2 的常闭触点与 M1 的线圈相串联，再加上本步的自锁。M4 与 M1 相似，这里不再叙述。

3）M7 是并行序列的合并步，其成为活动步的条件为：M3 和 M6 均为活动步，且 X001 为 ON，三个条件是"与"的关系。当 M0 或 M1 成为活动步时，M7 变为不活动步，所以 M7 的线圈要与 M0 的常闭触点和 M1 的常闭触点串联。并列序列的梯形图如图 5-31 所示。

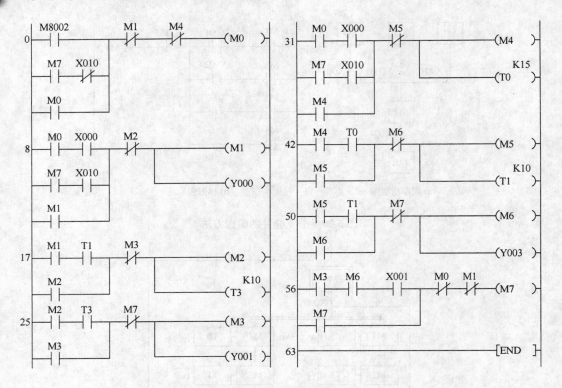

图 5-31 并列序列的梯形图

习 题 5

5-1 根据图 5-32 所示的顺序功能图，画出其相应的梯形图并写出指令语句表。

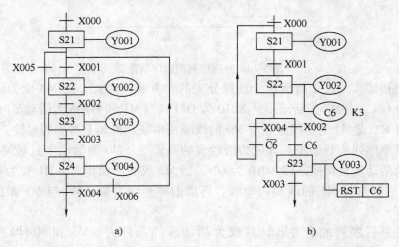

a)   b)

图 5-32 题 5-1 图

5-2 画出图 5-33 所示顺序功能图的梯形图和指令语句表。

5-3 如图 5-34 所示，两条运输带顺序控制，按下起动按钮，2 号运输带开始运行，5s 后 1 号运输带自动起动。停机的顺序与起动的顺序刚好相反，间隔仍然 5s。画出顺序功能图，并设计梯形图程序。

5-4 图 5-35 所示为由两组带机组成的原料运输自动化系统，该自动化系统起动顺序为：盛料斗 D 中无料，先起动带机 C，5s 后，再起动带机 B，7s 后再打开电磁阀 YV，该自动化系统停机的顺序恰好与起动顺序相反。试完成梯形图设计。

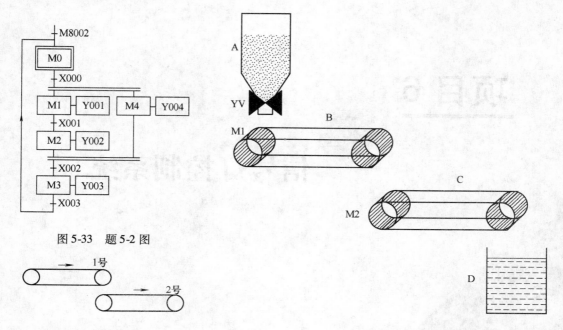

图 5-33 题 5-2 图

图 5-34 题 5-3 图

图 5-35 题 5-4 图

5-5 某液压工作台在初始状态压下 SQ1，当按下起动按钮 SB1 后，工作台的进给运动如图 5-36 所示。工作一个循环后，返回初始位置停止。(1)要求画出顺序功能图，并分别用起保停电路和步进指令编程，画出梯形图。(2)若增加一个停止按钮 SB2，当接下 SB1 后，工作台进入自动循环，直到按下停止按钮 SB2 后，工作台在完成一个工作循环后回到原位停止，此时如何编程？

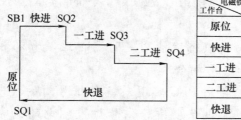

电磁铁\工作台	YA1	YA2	YA3	YA4	主令信号
原位	—	—	—	—	SQ1
快进	+	—	+	—	SB1
一工进	+	—	—	—	SQ2
二工进	+	—	—	+	SQ3
快退	—	+	—	—	SQ4

图 5-36 题 5-5 图

5-6 设计一个汽车库自动门控制系统，具体控制要求是：当汽车到达车库门前，超声波开关接收到来车的信号，开门上升，当升到顶点碰到上限开关，门停止上升，当汽车驶入车库后，光电开关发出信号，门电动机反转，门下降，当碰到下限开关后门电动机停止。试画出输入/输出设备与 PLC 的接线图，设计出梯形图程序并加以调试。

项目 6

信号灯控制系统

教学目标

1. 掌握 PLC 应用指令的格式、使用方法。

2. 能熟练地使用定时器、比较和移位寄存器等应用指令。

3. 会用 PLC 实现对各种信号灯的控制。

4. 能调试、排除信号灯控制电路的常见故障。

模块 1　交通信号灯控制系统

一、工作任务

根据交通信号灯的控制要求，完成交通信号灯 PLC 控制系统的硬件设计与制作，用 PLC 实现对交通信号灯控制系统的软件设计，并能进行软、硬件的综合调试。

二、相关实践知识

（一）行车道交通信号灯控制系统

在十字路口上设置的红、黄、绿行车道交通信号灯，其布置图如图 6-1 所示。由于东西方向的车流量较小、南北方向的车流量较大，所以南北方向的放行（绿灯亮）时间为 30s。东西方向的放行时间（绿灯亮）为 20s。当东西（或南北）方向的绿灯灭时，该方向的黄灯与南北（或东西）方向的红灯一起以 5Hz 的频率闪烁 5s，以提醒司机和行人注意。闪烁 5s 之后，立即开始另一个方向的放行。要求用两个控制开关对系统进行起停控制。

行车道交通信号灯的时序图如图 6-2 所示。

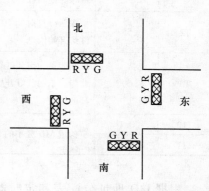

图 6-1　行车道交通信号灯布置图

1. 选择 PLC 机型

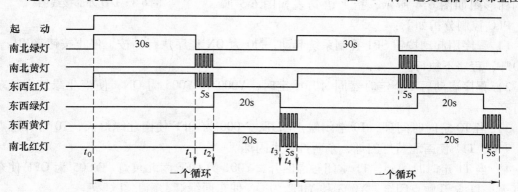

图 6-2　交通信号灯的时序图

根据输入/输出继电器的个数，选择 PLC 机型。分析 PLC 的输入和输出信号，作为选择 PLC 机型的依据之一。现选择三菱公司生产的 FX2N 小型 PLC，其 I/O 地址分配表见表 6-1，I/O 外部接线图如图 6-3 所示。

表 6-1　I/O 地址分配表

输　　入		输　　出					
起动按钮 SB1	停止按钮 SB2	南北方向			东西方向		
		绿灯	黄灯	红灯	绿灯	黄灯	红灯
X000	X001	Y000	Y001	Y002	Y003	Y004	Y005

2. 时序图法设计程序

如果 PLC 各输出信号的状态变化有一定的时间顺序，可用时序图法设计程序，由时序图分析各输出信号之间的时间关系。根据图 6-2 所示时序图可知，行车道交通信号灯一个正常运行流程必须用 4 个定时器来控制，这 4 个定时器的功能明细表见表 6-2。

表 6-2 定时器功能明细表

定时器	定时时间/s	功能
T0	30	南北绿灯时间 30s，接着南北黄、东西红灯开始闪烁
T1	35	南北黄、东西红灯闪烁时间 5s，接着东西绿、南北红灯开始亮
T2	55	东西绿灯时间 20s，接着东西黄、南北红灯开始闪烁
T3	60	东西黄、南北红灯闪烁时间 5s，接着南北绿、东西红灯开始亮，即开始下一个循环的定时
T10	0.1	构成 5Hz 频率的方波脉冲
T11	0.1	

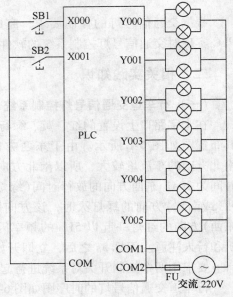

图 6-3 I/O 外部接线图

根据 I/O 地址分配表和定时器功能明细表，画出的梯形图如图 6-4 所示，指令语句表如图 6-5 所示。PLC 控制分析如下：

1）程序用起动按钮 SB1 控制系统起动，M0 为 ON 程序执行，按下停止按钮 X001，M0 为 OFF，程序不执行。

2）程序启动后 4 个定时器同时开始定时，Y000 和 Y005 为 ON，使南北绿灯亮、东西红灯亮。

3）当 T0 定时时间到，T0 常闭触点断开，Y000 为 OFF 使南北绿灯灭；T0 常开触点闭合，T10、T11 使南北黄灯闪烁，东西红灯也闪烁。

4）当 T1 定时时间到，T1 常闭触点断开，Y001 为 OFF 南北黄灯、Y005 为 OFF 使东西红灯灭；T1 常开触点闭合，Y003 和 Y002 为 ON 使东西绿灯、南北红灯亮。

5）当 T2 定时时间到，T2 常闭触点断开，Y003 为 OFF 使东西绿灯灭；T2 常开触点闭合，T10、T11 使东西黄灯、南北红灯闪烁。

6）当 T3 定时时间到，T3 常闭触点断开，Y004 为 OFF 使东西黄灯、Y002 为 OFF 使南北红灯灭；T0 ~ T3 全部复位，并开始下一循环的定时。

7）T10 和 T11 构成 5Hz 频率的方波脉冲，实现黄灯与红灯闪烁的控制。

3. 利用应用指令设计程序

利用 PLC 应用指令实现行车道交通信号灯的程序设计。图 6-6 所示为利用应用指令实现的行车道交通信号灯控制程序，图 6-7 所示为对应的指令语句表。

按钮 X000 控制交替指令 ALTP，由交替指令控制整个系统的起动和停止。

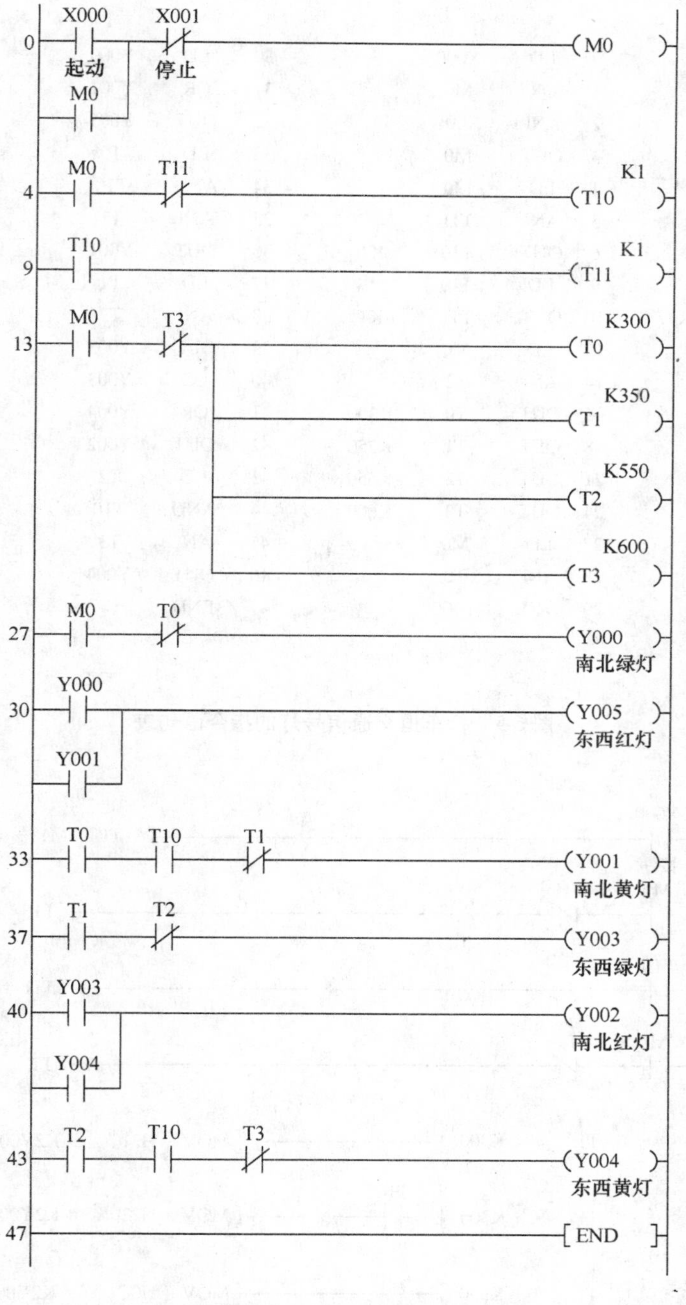

图 6-4　行车道交通信号灯的梯形图

T10 和 T11 构成 5Hz 频率的方波脉冲，实现黄灯与红灯闪烁的控制。交通信号灯的运行周期由 T1 定时器控制，周期为 60s，定时时间到，T1 的常闭触点断开，使定时器 T1 复位，重新开始下一个周期的定时。

用比较指令控制在几个特定时间里，交通信号灯状态自动切换。用 MOV 指令实现行车道交通信号灯的状态控制。行车道交通信号灯在一个周期中每个灯的状态和对应的传送数据见表 6-3。

0	LD	X000			30	LD	Y000
1	OR	M0			31	OR	Y001
2	ANI	X001			32	OUT	Y005
3	OUT	M0			33	LD	T0
4	LD	M0			34	AND	T10
5	ANI	T11			35	ANI	T1
6	OUT	T10	K1		36	OUT	Y001
9	LD	T10			37	LD	T1
10	OUT	T11	K1		38	ANI	T2
13	LD	M0			39	OUT	Y003
14	ANI	T3			40	LD	Y003
15	OUT	T0	K300		41	OR	Y004
18	OUT	T1	K350		42	OUT	Y002
21	OUT	T2	K550		43	LD	T2
24	OUT	T3	K600		44	AND	T10
27	LD	M0			45	ANI	T3
28	ANI	T0			46	OUT	Y004
29	OUT	Y000			47	END	

图 6-5   行车道交通信号灯的指令语句表

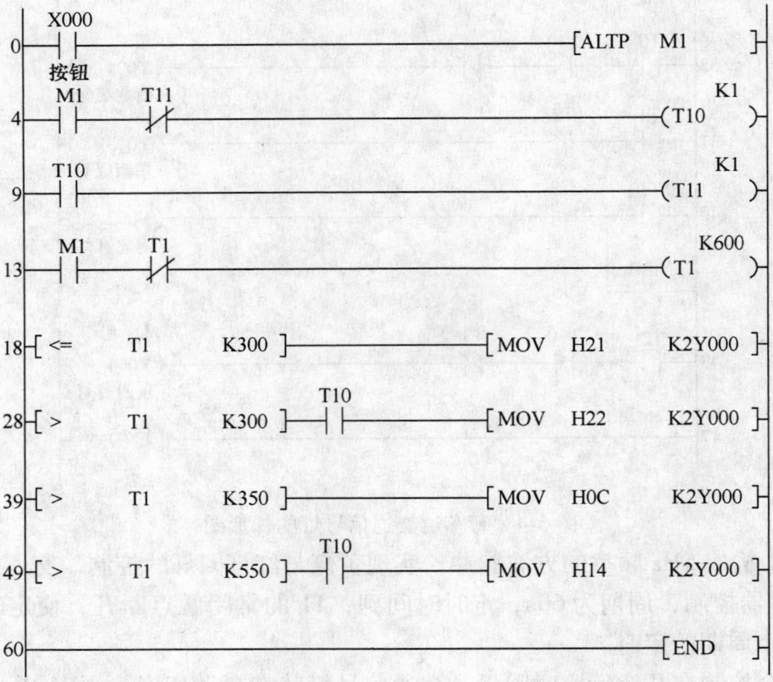

图 6-6   利用应用指令实现的行车道交通信号灯控制梯形图程序

```
0    LD      X000
1    ALTP    M1
4    LD      M1
5    ANI     T11
6    OUT     T10     K1
9    LD      T10
10   OUT     T11     K1
13   LD      M1
14   ANI     T1
15   OUT     T1      K600
18   LD<=    T1      K300
23   MOV     H21     K2Y000
28   LD>     T1      K300
33   AND     T10
34   MOV     H22     K2Y000
39   LD>     T1      K350
44   MOV     H0C     K2Y000
49   LD>     T1      K550
54   AND     T10
55   MOV     H14     K2Y000
60   END
```

图6-7 利用应用指令实现的行车
道交通信号灯控制指令语句表

表6-3 行车道交通信号灯输出状态与传送数据对照表

时间	传送数据	东西方向输出			南北方向输出		
		Y005（红）	Y004（黄）	Y003（绿）	Y002（红）	Y001（黄）	Y000（绿）
T1≤30s	H21	1	0	0	0	0	1
30s<T1≤35s	H22	1	0	0	0	1	0
35s<T1≤55s	H0C	0	0	1	1	0	0
55s<T1≤60s	H14	0	1	0	1	0	0

（二）人行横道交通信号灯控制系统

按钮式人行横道交通信号灯的示意图如图6-8所示。按下人行横道按钮SB1或SB2，人

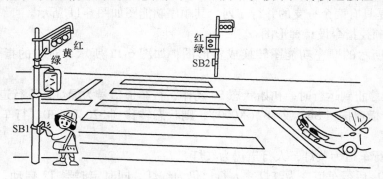

图6-8 按钮式人行横道交通信号灯的示意图

行道和行车道交通信号灯按图6-9所示的时序点亮。用顺序功能图法设计一个按钮式人行横道交通信号灯的控制程序。

1. 选择 PLC 机型

根据输入/输出继电器的个数，选择 PLC 机型。分析 PLC 的输入和输出信号，作为选择 PLC 机型的依据之一。现选择三菱公司生产的 FX2N 小型 PLC，其 I/O 地址分配见表6-4，I/O 外部接线图如图6-10所示。

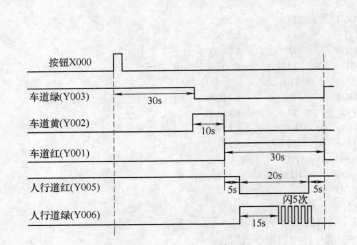

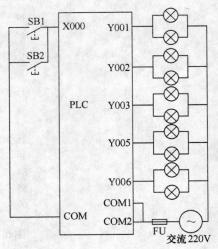

图 6-9　按钮式人行横道交通信号灯的时序图　　　图 6-10　I/O 外部接线图

表 6-4　I/O 地址分配表

输　入		输　　出				
人行横道 按钮 SB1	人行横道 按钮 SB2	行车道			人行道	
		红灯	黄灯	绿灯	红灯	绿灯
X000		Y001	Y002	Y003	Y005	Y006

2. 顺序功能图设计程序

根据控制要求，当未按下人行横道按钮 SB1 或 SB2(X000)按钮时，人行道红灯和行车道绿灯亮；当按下 SB1 或 SB2(X000)按钮时，人行道交通信号灯和行车道交通信号灯同时开始工作。这是具有两个分支的并行序列，其顺序功能图如图6-11所示。

3. 用步进顺控指令设计梯形图

将图6-11所示的顺序功能图转换成梯形图，如图6-12所示，对应的指令语句表如图6-13所示。

1) PLC 从停止到运行时，初始状态 S0 动作，行车道信号为绿灯，人行道信号为红灯。

2) 按人行横道按钮 SB1 或 SB2(X000)，则状态转移到 S20 和 S30，行车道为绿灯，人行道为红灯。

3) 30s 后行车道为黄灯，人行道仍为红灯。

4) 再过 10s 后行车道变为红灯，人行道仍为红灯，同时定时器 T2 启动，5s 后 T2 触点接通，人行道变为绿灯。

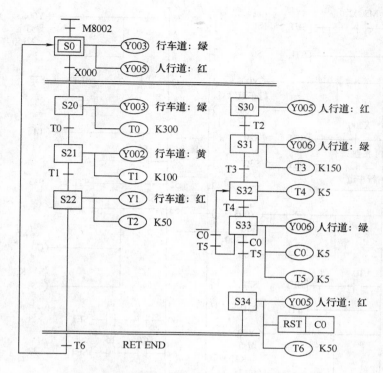

图 6-11 按钮式人行横道交通信号灯的顺序功能图

5）15s 后人行道绿灯以 1Hz 频率开始闪烁。

6）闪烁中 S32、S33 反复循环动作，计数器 C0 设定值为 5，当循环达到 5 次时，C0 常开触点接通，动作状态向 S34 转移，人行道变为红灯，期间行车道仍为红灯，5s 后返回初始状态，完成一个周期的动作。

三、相关理论知识

（一）应用指令

1. 交替输出指令（ALT）

交替输出指令的格式要求见表 6-5。指令后加 P 时，表示该指令为脉冲执行型。

表 6-5 交替输出指令的格式要求

指令名称	助记符	指令代码	操作数 D（＊）
交替输出	ALT	FNC 66	Y、M、S

如图 6-14 所示，当按下按钮 X000 时，输出 Y011 为 ON，输出 Y010 为 OFF；再次按下按钮 X000 时，输出 Y011 为 OFF，输出 Y010 为 ON。

2. 数据传送指令（MOV）

数据传送指令的格式要求见表 6-6。

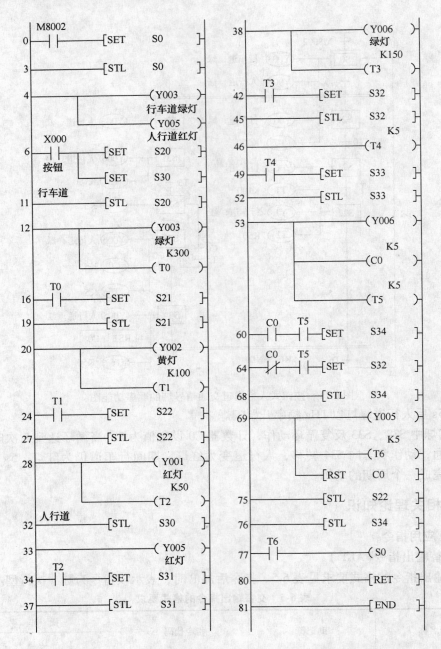

图 6-12　按钮式人行横道交通信号灯的梯形图

表 6-6　数据传送指令的格式要求

指令名称	助记符	指令代码	操　作　数	
			S(*)	D(*)
传送	MOV	FNC12	K、H、KnX、KnY、KnM、KnS、T、C、D、V、Z	KnY、KnM、KnS、T、C、D、V、Z

```
0   LD    M8002
1   SET   S0
3   STL   S0
4   OUT   Y003
5   OUT   Y005
6   LD    X000
7   SET   S20
9   SET   S30
11  STL   S20
12  OUT   Y003
13  OUT   T0     K300
16  LD    T0
17  SET   S21
19  STL   S21
20  OUT   Y002
21  OUT   T1     K100
24  LD    T1
25  SET   S22
27  STL   S22
28  OUT   Y001
29  OUT   T2     K50
32  STL   S30
33  OUT   Y005
34  LD    T2
35  SET   S31
37  STL   S31
38  OUT   Y006
39  OUT   T3     K150
42  LD    T3
43  SET   S32
45  STL   S32
46  OUT   T4     K5
49  LD    T4
50  SET   S33
52  STL   S33
53  OUT   Y006
54  OUT   C0     K5
57  OUT   T5     K5
60  LD    C0
61  AND   T5
62  SET   S34
64  LDI   C0
65  AND   T5
66  SET   S32
68  STL   S34
69  OUT   Y005
70  OUT   T6     K5
73  RST   C0
75  STL   S22
76  STL   S34
77  LD    T6
78  OUT   S0
80  RET
81  END
```

图6-13　按钮式人行横道交通信号灯的指令语句表

MOV 指令是将源操作数内的数据传送到目标操作数内，即[S]→[D]。其中 S 一般以字为单位操作。指令前加 D 时，表示操作数为 32 位；指令后加 P 时，表示该指令为脉冲执行型。

```
LD     X000
ALTP   M0
LDI    M0
OUT    Y010
LD     M0
OUT    Y011
```

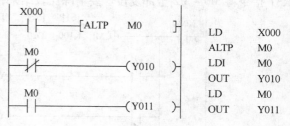

图6-14　交替输出指令 ALT 的应用

如图 6-15 所示的数据传送指令 MOV 的应用程序中，当 X000 由 OFF→ON 时，两条 MOV 指令都是把源操作数中的数据传送到目标操作数中；当 X000 保持为 ON 时，第一行的 MOV 指令在每一个扫描周期都执行一次，而第二条指令则不执行。

```
LD     X000
MOV    K10    D3
MOVP   D10    D20
```

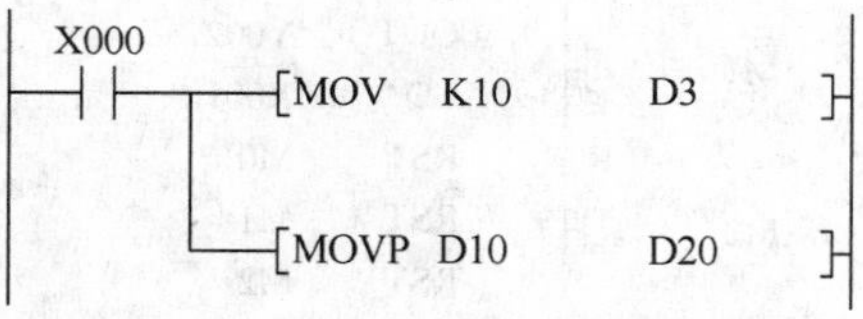

图6-15　数据传送指令 MOV 的应用

图6-16所示为MOV指令与变址寄存器的应用，第一行指令将变址寄存器V1赋值为10，Z4赋值为20，第二行指令将数据160送入D18中，第三行指令将Y017～Y010和Y007～Y000的内容传送到D30中去。

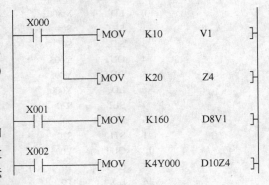

图6-16 MOV指令与变址寄存器的应用

3. 比较指令(CMP)

比较指令CMP的功能是对两个数据[S1]和[S2]进行代数比较，然后根据比较的结果是大于、等于或小于，分别对指定的相邻三个目标软元件即[D]、[D+1]、[D+2]进行置位或清零操作。使用32位数据触点比较指令时，需要在比较符号前加上D。比较指令格式要求见表6-7。

表6-7 比较指令的格式要求

指令名称	助记符	指令代码	操 作 数		
			S1(∗)	S2(∗)	D(∗)
比较	CMP	FNC 10	K、H、KnX、KnY、KnM、KnS、T、C、D、V、Z		Y、M、S

在图6-17所示的比较指令CMP的应用程序中，接通X000，执行比较指令，将数100与D20中的内容去比较，若100 >(D20)，则M0接通，输出Y000为ON；若100 =(D20)，则M1接通，输出Y001为ON；若100 <(D20)，则M2接通，输出Y002为ON。总之，执行了CMP指令后，被指定的连续3个软元件中只有一个为ON，其余两个为OFF，接通X001，利用RST指令将M0～M2全部复位。要清除比较结果，也可以用区间复位指令ZRST。

```
         [S1]  [S2]  [D]
X000
─┤├──────[CMP  K100  D20   M0]──        LD    X000
                                        CMP   K100  D20  M0
 M0                                     MPS
─┤├──────────────────(Y000)──           AND   M0
                                        OUT   Y000
 M1                                     MRD
─┤├──────────────────(Y001)──           AND   M1
                                        OUT   Y001
 M2                                     MPP
─┤├──────────────────(Y002)──           AND   M2
                                        OUT   Y002
X001                                    LD    X001
─┤├──────────────[RST   M0]──           RST   M0
                                        RST   M1
                 [RST   M1]──           RST   M2

                 [RST   M2]──
```

图6-17 比较指令CMP的应用

4. 触点比较指令

触点比较指令的助记符与逻辑功能见表6-8，其操作数可取任意数据格式，即字元件有 K、H、KnX、KnY、KnM、KnS、T、C、D、V、Z，位元件有 X、Y、M、S。使用 32 位数据触点比较指令时，需要在比较符号前加上 D。

表 6-8　触点比较指令的助记符与逻辑功能

指令名称	助记符	FNC 编号	导通条件
取比较指令	LD =	224	[S1] = [S2]
	LD >	225	[S1] > [S2]
	LD <	226	[S1] < [S2]
	LD < >	228	[S1] ≠ [S2]
	LD < =	229	[S1] ≤ [S2]
	LD > =	230	[S1] ≥ [S2]
与比较指令	AND =	232	[S1] = [S2]
	AND >	233	[S1] > [S2]
	AND <	234	[S1] < [S2]
	AND < >	236	[S1] ≠ [S2]
	AND < =	237	[S1] ≤ [S2]
	AND > =	238	[S1] ≥ [S2]
或比较指令	OR =	240	[S1] = [S2]
	OR >	241	[S1] > [S2]
	OR <	242	[S1] < [S2]
	OR < >	244	[S1] ≠ [S2]
	OR < =	245	[S1] ≤ [S2]
	OR > =	246	[S1] ≥ [S2]

触点比较指令相当于一个触点，条件满足时触点接通。图6-18所示为 LD 触点比较指令的应用，当（C5）= 12 时，输出 Y010 为 ON；当（D22）> 33，且 X000 为 ON 时，输出 Y011 为 ON；当（D10）≥100 时，Y012 被复位。图6-19所示为 AND 与 OR 触点比较指令的应用，当 X010 且（D12）= 60 时，Y011 被复位；当 M20 或（C2）= 5 时，M28 为 ON。

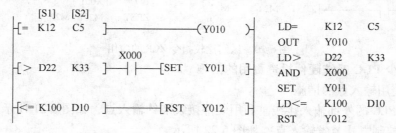

图 6-18　LD 触点比较指令的应用

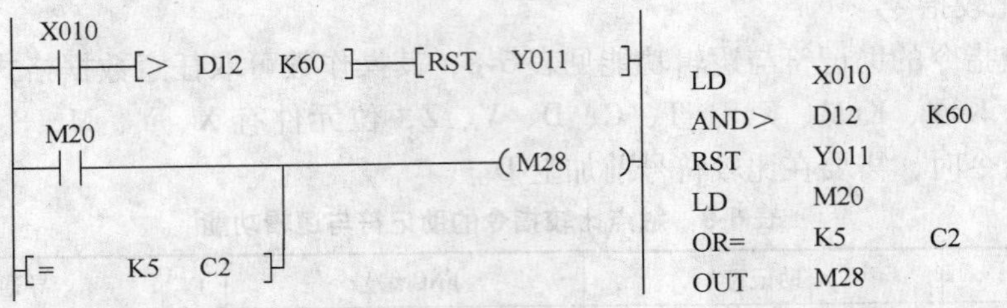

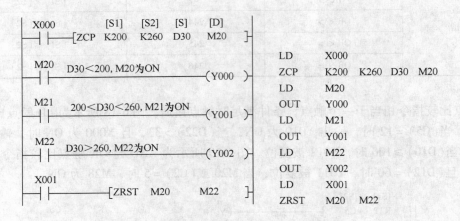

图 6-19　AND 与 OR 触点比较指令的应用

5. 区间比较指令（ZCP）

区间比较指令 ZCP 是将一个源操作数［S］与两个源操作数［S1］、［S2］形成的区间比较，且［S1］不得大于［S2］，并将比较的结果送到［D］、［D+1］、［D+2］中，区间比较指令的格式要求见表 6-9。ZCP 的应用如图 6-20 所示，当 X000 为 ON 时，将 D30 的值与区间 200～260 进行比较。当 D30 < 200 时，M20 为 ON，输出 Y000 为 ON；当 200 < D30 < 260 时，M21 为 ON，输出 Y001 为 ON；当 D30 > 260 时，M22 为 ON，输出 Y002 为 ON。当 X000 为 OFF 时，指令不执行，目标位状态不变。当 X001 为 ON 时，利用区间复位 ZRST 指令将 M20～M22 全部复位。要清除区间比较结果，同样可以用 RST 指令。

表 6-9　区间比较指令的格式要求

指令名称	助记符	指令代码	操作数			
			S1（＊）	S2（＊）	S（＊）	D（＊）
区间比较	ZCP	FNC 11	K、H、KnX、KnY、KnM、KnS、T、C、D、V、Z			Y、M、S

图 6-20　区间比较指令 ZCP 的应用

（二）减少 PLC 系统硬件投资费用的措施

1. 节约使用输入点的措施

1）改变 PLC 的外部输入接线。利用硬件接线节约输入点，如图 6-21 所示。

2）分组控制方式节省输入点，如图 6-22 所示。

3）将输入信号设置在 PLC 外部的示意图如图 6-23 所示，系统中的某些输入信号功能简

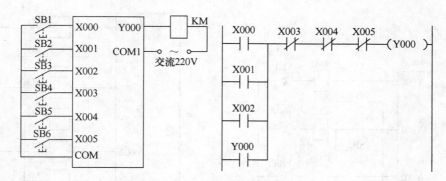

a) 占用多个输入点的硬件接线示意图

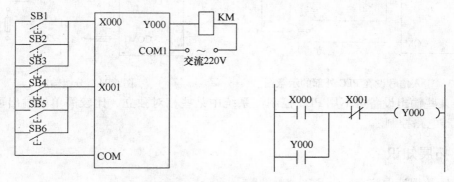

b) 多个按钮共用 1 个输入点的示意图

图 6-21 硬件接线节约输入点

单、涉及面很窄，如手动开关、过载保护的热继电器触点等，有时就没有必要作为 PLC 输入，将它们放在外部电路中同样可以满足要求。如果外部硬件互锁电路过于复杂，则应考虑仍将有关信号送入 PLC 中，用梯形图实现互锁。

2. 节约使用输出点的措施

（1）并联输出　当两个通断状态完全相同的负载，可并联后共用 PLC 的一个输出点。但要注意 PLC 输出点同时驱动多个负载时，应考虑 PLC 输出点的驱动能力是否足够。

（2）分组输出　当两组负载不会同时工作，可通过外部转换开关或通过受 PLC 控制的电器触点进行切换，这样 PLC 的每个输出点可以控制两个不同时工作的负载。如图 6-24 所示，KM1、KM3、KM5 与 KM2、KM4、KM6 这两个组不会同时工作，可用外部转换开关 SA 进行切换。

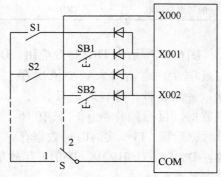

图 6-22 分组控制方式节省输入点示意图

（3）负载多功能化　一个负载实现多种用途。在 PLC 系统中，利用 PLC 编程功能，实现用一个输出点控制指示灯的常亮和闪烁，这样一个指示灯就可表示两种不同的信息，从而节省了输出点数。

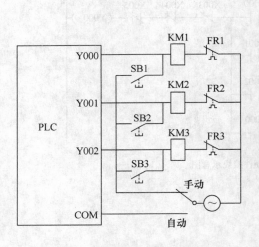

图 6-23　输入信号设在 PLC 外部的示意图

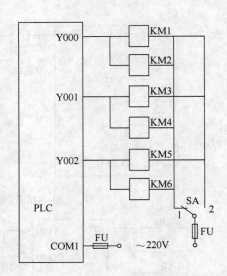

图 6-24　分组输出

（4）**某些输出设备可不用 PLC 控制**　系统中某些相对独立、比较简单的输出可考虑直接用继电器电路控制。

四、拓展知识

1. 时钟数据读取指令

时钟数据读取指令 TRD 可以读出 PLC 内置的实时时钟数据，并存放在目标操作数［D］开始的 7 个元件中。其格式要求见表 6-10。

表 6-10　时钟数据读取指令的格式要求

指令名称	助记符	指令代码	操作数
			［D］
时钟数据读取	TRD	FNC166	T、C、D

图 6-25 所示为 TRD 指令应用，D100 为保存读取时间的起始存储单元，占用 7 个连续的变量单元，地址由大到小依次存储：星期、秒、分、时、日、月、年数据。目标操作数［D］只有 16 位数据运算。PLC 实时时钟数据存放在 D8013 ~ D8019 中，D8019 存放星期，D8018 ~ D8013 分别存放年、月、日、时、分和秒，见表 6-11。

```
   X010
0 ─┤ ├────────[TRD    D100 ]─┤
```

```
0  LD    X010
1  TRD   D100
```

图 6-25　TRD 指令的应用

表 6-11　实时时钟数据

单元号	含义	时钟数据	单元号	含义	时钟数据
D8018	年	0 ~ 99（后两位）	D8014	分	0 ~ 59
D8017	月	1 ~ 12	D8013	秒	0 ~ 59
D8016	日	1 ~ 31	D8019	星期	0（日）~ 6（六）
D8015	时	0 ~ 23			

2. 时钟数据写入指令

时钟数据写入指令 TWR 表示将指定时钟数据的 7 个数据写入 PLC 内置的实时时钟。其中，[S]为保存读取时间的起始存储单元，占用 7 个连续的变量单元，地址由大到小依次存储：星期、秒、分、时、日、月、年数据。时钟数据写入指令的格式要求见表 6-12。

表 6-12　时钟数据写入指令的格式要求

指　令　名　称	助　记　符	指　令　代　码	操　作　数
			[S]
时钟数据写入	TWR	FNC167	T、C、D

为了写入时钟数据，必须先用 MOV 指令预置由[S]指定的连续 7 个单元的数据。执行 TWR 指令后，立即变更实时时钟数据，即为新的时间，因此，要提前数分钟向源数据传送时钟数据，当到达正确时间时，立即执行指令。

图 6-26 所示为利用 TWR 指令设置 2012 年 8 月 18 日（星期六）22 时 02 分 40 秒时的应用程序。在进行时钟设定时，要提前几分钟设定时间数据，当达到正确时间时接通 X010，将设定值写入实时时钟，修正当前时间。当 X011 接通时，能够进行 ±30s 的修正操作。"±30s修正"标志 M8017 为 ON 时，秒值变为 0，若当前值 <30，分值不变，秒值 >30，分值加 1。

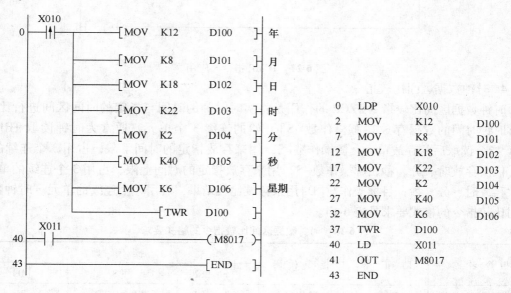

图 6-26　TWR 指令的应用

3. 时钟数据比较指令

时钟数据比较指令 TCMP 的作用是比较指定时刻与时钟数据的大小，源操作数[S1]~[S3]用来存放指定时间的时、分、秒，时钟数据的时间存放在[S]开始的连续 3 个单元中，依次存放时、分、秒，目标操作数[D]用来存放比较结果，比较结果存放在[D]开始的连续 3 个位单元中。格式要求见表 6-13。

表6-13 时钟数据比较指令的格式要求

指令名称	助记符	指令代码	操作数		
			[S1][S2][S3]	[S]	[D]
时钟数据比较	TCMP	FNC160	K、H、KnX、KnY、KnM、KnS、T、C、D、V、Z	T、C、D	Y、M、S

图6-27所示为TCMP指令应用梯形图程序，当X010为ON时，若D20：D21：D22 < 20：43：55，M10为ON，输出Y000置为ON；若D20：D21：D22 = 20：43：55，M11为ON，输出Y001置为ON；若D20：D21：D22 > 20：43：55，M12置为ON，输出Y002置为ON。当X010为OFF时，不执行TCMP指令，M10～M12状态保持不变。

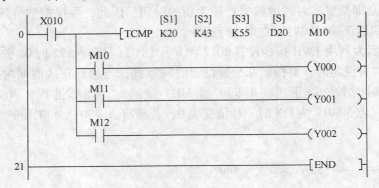

图6-27 TCMP指令的应用

4. 时钟数据区间比较指令

时钟数据区间比较指令TZCP的作用是将实时时钟的时间与指定的时间区间进行比较。实时时钟时间的数据存放在源操作数[S]开始的连续3个单元，通常为时钟读取TRD或MOV指令读取后的存放单元；源操作数[S1]用来存放指定的时间下限，占用3个连续的单元，依次存放时、分、秒，源操作数[S2]用来存放指定的时间上限，占用3个连续的单元，依次存放时、分、秒；目标操作数[D]用来存放比较结果，占用3个连续的单元。时钟数据区间比较指令的格式要求见表6-14。

表6-14 时钟数据区间比较指令的格式要求

指令名称	助记符	指令代码	操作数		
			[S1][S2]	[S]	[D]
时钟数据区间比较	TZCP	FNC161	T、C、D	T、C、D	Y、M、S

图6-28所示为TZCP指令应用梯形图程序，M8000是特殊辅助继电器，PLC运行时M8000一直接通，D20～D25依次存入时间比较下限与时间比较上限值，将X010置为ON，00：00～8：30时间段，M10为ON，输出Y000接通，8：30～21：30时间段，M11为ON，输出Y001接通，21：30～23：59时间段，M12为ON，输出Y002接通。

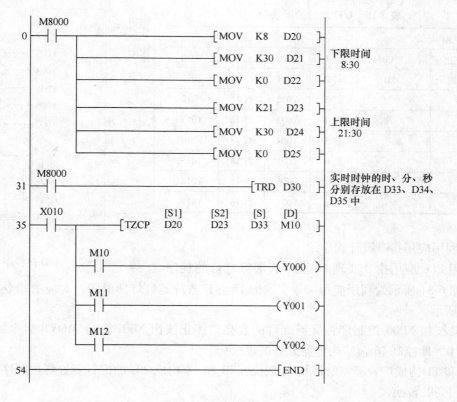

图 6-28　TZCP 指令的应用

模块 2　广告屏霓虹灯控制系统

一、工作任务

根据广告屏霓虹灯的控制要求，完成广告屏霓虹灯 PLC 控制系统的硬件设计与制作，用 PLC 实现对广告屏霓虹灯控制系统的软件设计，并能进行软、硬件的综合调试。

二、相关实践知识

广告屏霓虹灯按如图 6-29 所示布置，按下起动按钮 SB1，霓虹灯按数字由小到大顺序依次移动闪亮，20s 后霓虹灯按数字由大到小逆序方向移动闪亮，再过 20s 霓虹灯按数字由小到大移动闪亮，如此反复。每一时刻只有一只霓虹灯闪亮，每次亮 0.5s，16 只霓虹灯循环闪亮。按下停止按钮 SB2，霓虹灯则全部熄灭。

1. 选择 PLC 机型

根据输入/输出继电器的个数，选择 PLC 机型。根据控制要求，确定 I/O 点数，输入 2 个，输出 16 个，现选择三菱公司生产的 FX2N 小型 PLC，其 I/O 地址分配见表 6-15，I/O 接线图如图 6-30 所示。

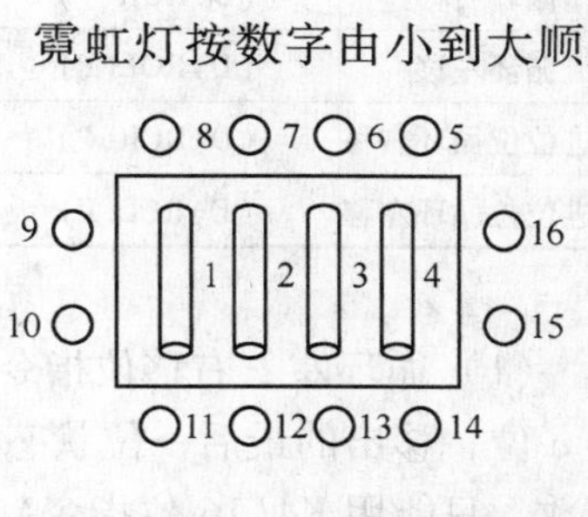

图 6-29　16 盏广告屏霓虹灯布置图

电气控制与 PLC(三菱 FX 机型)

表 6-15 I/O 地址分配表

输 入		输 出			
起动按钮	X000	灯 1	Y000	灯 9	Y010
停止按钮	X001	灯 2	Y001	灯 10	Y011
		灯 3	Y002	灯 11	Y012
		灯 4	Y003	灯 12	Y013
		灯 5	Y004	灯 13	Y014
		灯 6	Y005	灯 14	Y015
		灯 7	Y006	灯 15	Y016
		灯 8	Y007	灯 16	Y017

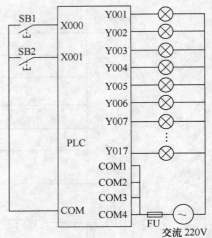

图 6-30 I/O 接线图

2. 利用应用指令设计程序

利用 PLC 应用指令实现 16 盏广告屏霓虹灯的程序设计。图 6-31 所示为利用应用指令实现的 16 盏广告屏霓虹灯梯形图,对应的指令语句表如图 6-32 所示。

起动按钮 X000 控制广告屏霓虹灯的点亮,停止按钮 X001 配合 MOVP 指令置 Y000 ~ Y017 为 0,即控制 16 盏广告屏霓虹灯的熄灭。

T0 和 T1 构成广告屏霓虹灯 0.5s 闪亮。T3 和 T4 构成 20s 的广告霓虹灯按顺序与逆序方向移动闪亮的转换。

利用 ROLP 左循环移位指令实现 16 盏屏霓虹灯的循环顺序移位,利用 RORP 右循环移位指令实现广告屏霓虹灯的循环逆序移位。

三、相关理论知识

下面介绍循环移位指令。

循环移位指令包括 ROR、ROL、RCR、RCL。这些指令的格式要求见表 6-16。

表 6-16 循环移位指令的格式要求

指令名称	助记符	指令代码	操 作 数	
			[D]	n
循环右移	(D)ROR(P)	FNC30	KnY、KnM、KnS、T、C、D、V、Z	K、H 16 位操作:n≤16 32 位操作:n≤32
循环左移	(D)ROL(P)	FNC31		
带进位位循环右移	(D)RCR(P)	FNC32		
带进位位循环左移	(D)RCL(P)	FNC33		

(1) 循环左、右移位指令 循环移位是使源操作数[D]中的二进制数循环向左或向右移 n 位,移出的最后一位状态存在进位标志位 M8022 中。若在目标元件中指定位元件组的组数,只能用 K4(16 位指令)、K8(32 位指令)表示,如 K4M10 或 K8M10。在指令的连续执行方式中,每一个扫描周期都会移位一次。在实际应用中,常采用脉冲执行方式。

如图 6-33 所示,在 X000 由 OFF 变为 ON 时,执行循环移位指令 ROL 或 ROR,将目标

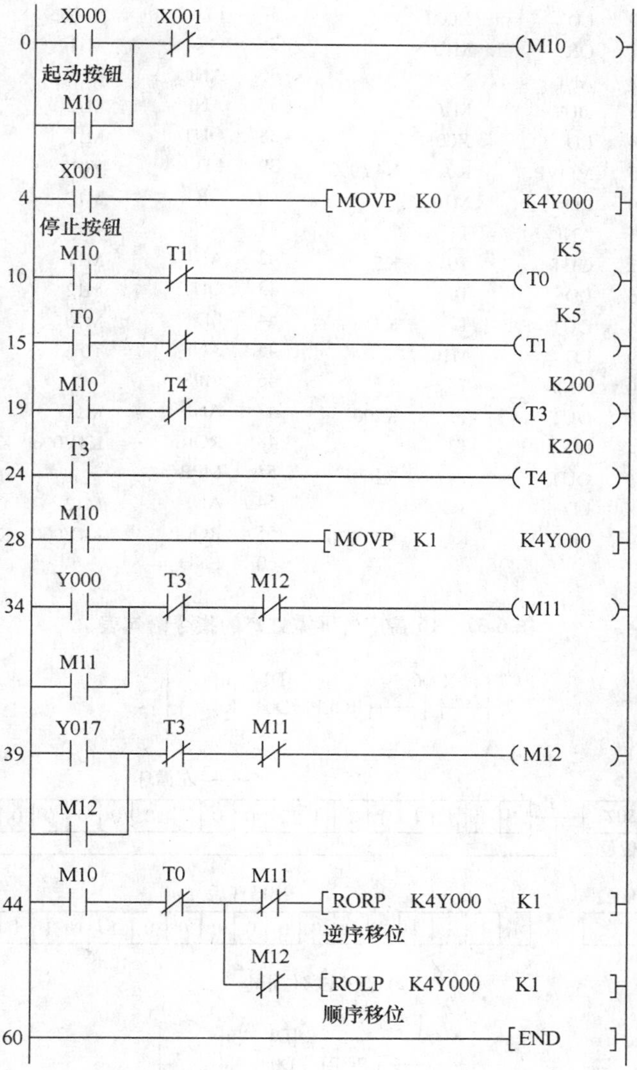

```
         X000    X001
    0 ───┤├──────┤/├──────────────────────────────(M10 )┤
         起动按钮
          M10
        ──┤├──┤

         X001
    4 ───┤├────────────────────────[MOVP  K0    K4Y000 ]┤
         停止按钮
          M10     T1                                  K5
   10 ───┤├──────┤/├─────────────────────────────────(T0 )┤

          T0      T1                                  K5
   15 ───┤├──────┤/├─────────────────────────────────(T1 )┤

          M10     T4                                  K200
   19 ───┤├──────┤/├─────────────────────────────────(T3 )┤

          T3                                          K200
   24 ───┤├─────────────────────────────────────────(T4 )┤

          M10
   28 ───┤├────────────────────────[MOVP  K1    K4Y000 ]┤

         Y000    T3      M12
   34 ───┤├──────┤/├──────┤/├────────────────────────(M11 )┤
          M11
        ──┤├──┤

         Y017    T3      M11
   39 ───┤├──────┤/├──────┤/├────────────────────────(M12 )┤
          M12
        ──┤├──┤

         M10     T0      M11
   44 ───┤├──────┤/├──────┤/├───────[RORP  K4Y000  K1 ]┤
                         逆序移位
                          M12
                        ──┤/├───────[ROLP  K4Y000  K1 ]┤
                         顺序移位
   60 ─────────────────────────────────────────────[END ]┤
```

图 6-31　16 盏广告屏霓虹灯的梯形图

操作数 [D] 中的各位二进制数向左或向右循环移动 4 位，从目标元件中移出的最后一位存于进位标志 M8022 中。

（2）带进位位循环左、右移位指令　带进位位循环移位是使源操作数 [D] 中的二进制数连同进位标志位 M8022 一起循环向左或向右移 n 位。在指令的连续执行方式中，每一个扫描周期都会移位一次。在实际应用中，常采用脉冲执行方式。

如图 6-34 所示，在 X000 由 OFF 变为 ON 时，执行循环移位指令 RCL 或 RCR，将目标操作数 [D] 中的各位二进制数连同进位标志位 M8022 一起向左或向右循环移动 4 位。

四、拓展知识

LED 数码管由 7 段条形发光二极管组成，如图 6-35 所示。根据各段管的亮暗可以显示 0～9 十个数字。

0	LD	X000		34	LD	Y000	
1	OR	M10		35	OR	M11	
2	ANI	X001		36	ANI	T3	
3	OUT	M10		37	ANI	M12	
4	LD	X001		38	OUT	M11	
5	MOVP	K0	K4Y000	39	LD	Y017	
10	LD	M10		40	OR	M12	
11	ANI	T1		41	AND	T3	
12	OUT	T0	K5	42	ANI	M11	
15	LD	T0		43	OUT	M12	
16	OUT	T1	K5	44	LD	M10	
19	LD	M10		45	ANI	T0	
20	ANI	T4		46	MPS		
21	OUT	T3	K200	47	ANI	M11	
24	LD	T3		48	RORP	K4Y000	K1
25	OUT	T4	K200	53	MPP		
28	LD	M10		54	ANI	M12	
29	MOVP	K1	K4Y000	55	ROLP	K4Y000	K1
				60	END		

图 6-32　16 盏广告屏霓虹灯的指令语句表

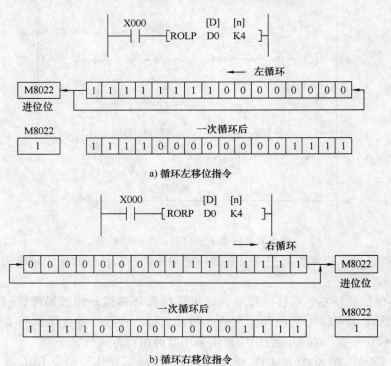

图 6-33　循环左、右移位指令

1. 7 段译码指令

7 段译码指令可以自动编出待显示数字的 7 段显示码。7 段译码指令的格式要求见表 6-17。

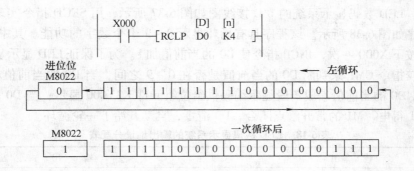

a) 带进位位的循环左移位指令

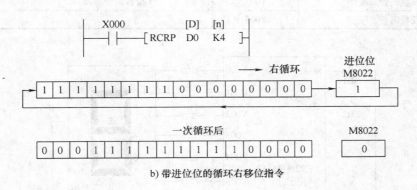

b) 带进位位的循环右移位指令

图 6-34　带进位位的循环左、右移位指令

表 6-17　7 段译码指令的格式要求

指令名称	助记符	指令代码	操 作 数	
			[S]	[D]
7 段译码指令	SEGD(P)	FNC73	K、H、KnX、KnY、KnM、KnS、T、C、D、V、Z	KnY、KnM、KnS、T、C、D、V、Z

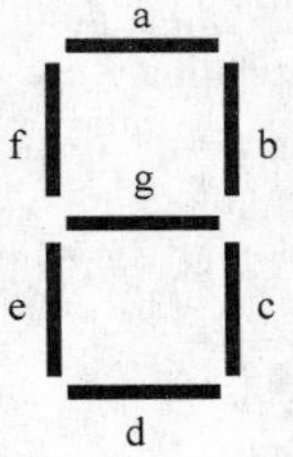

图 6-35　LED 数码管

　　7 段译码指令 SEGDP 的应用如图 6-36 所示，将源操作数[S]中指定元件的低 4 位所确定的十六进制数(0 ~ F)经译码后存于[D]指定的元件中，以驱动 7 段数码管，[D]的高 8 位保持不变。

　　使用 SEGD 指令时应注意如下几点：

　　1) SEGD 指令是对 4 位二进制数编码，若源操作数大于 4 位，只对最低 4 位编码。

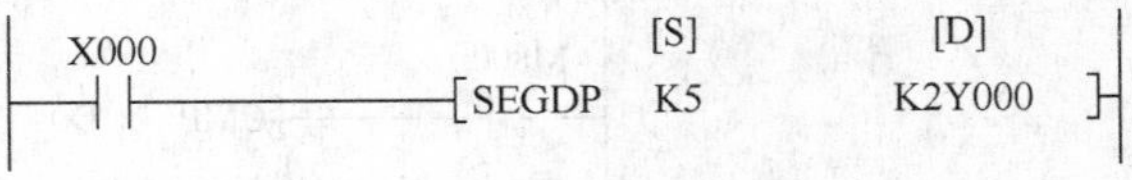

　　2) SEGD 指令的译码范围为十六进制

图 6-36　7 段译码指令的应用

0 ~ 9、A ~ F。如图 6-36 所示，当 X000 闭合时，对数字 5 执行 7 段译码指令 SEGD，并将 H6D 存入输出位组件 K2Y0，即输出继电器 Y007 ~ Y000 的位状态为 0110 1101。

　　2. 用 SEGD 指令实现 LED 数码显示

　　SEGD 指令可以自动编出待显示数字的 7 段显示码。LED 数码显示系统的输出地址分配表见表6-18，LED 数码显示系统的 I/O 接线图如图6-37 所示，用 SEGD 指令实现 LED 显示的梯形图程序如图6-38 所示。该程序具有循环显示 0～9 十个数字的功能。其中 X000 为控制按钮，每按下 X000 一次，INCP 指令使 D0 的当前值加 1。为了保证 LED 显示从 0～9 周期循环，用比较指令 CMP 来判断 D0 的当前值是否在 0～9 之间，当 D0 的当前值小于 10 时，SEGD 指令将 D0 的当前值编成 7 段显示编码供给位组元件 K2Y000 显示；当 D0 的当前值等于 10 时，M1 得电，M1 的常开触点闭合，D0 清零，自动开始下一轮循环。

表 6-18 　LED 数码显示系统的输出地址分配表

输　　　出		输　　　出	
7 段数码管 a 段	Y000	7 段数码管 e 段	Y004
7 段数码管 b 段	Y001	7 段数码管 f 段	Y005
7 段数码管 c 段	Y002	7 段数码管 g 段	Y006
7 段数码管 d 段	Y003		

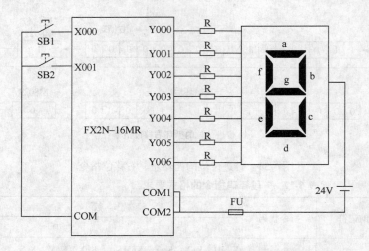

图 6-37 　LED 数码显示系统的 I/O 接线图

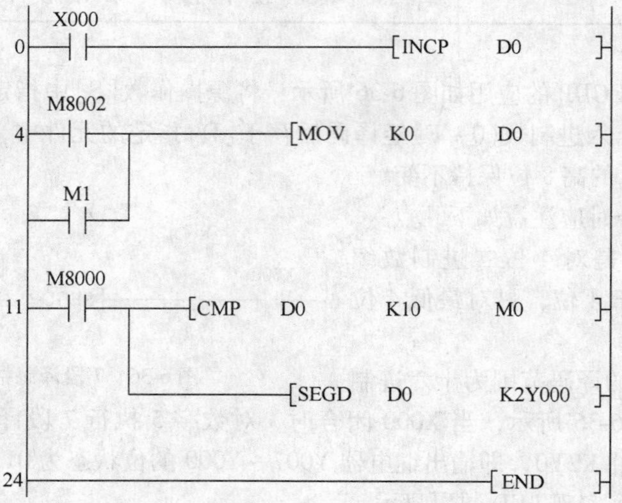

图 6-38 　用 SEGD 指令实现 LED 显示的梯形图程序

需要注意的是，使用 SEGD 指令时，当 D0 中数值超过 4 位时，只能显示 D0 中低 4 位的数值。

习 题 6

6-1 用三个开关（X001、X002、X003）控制一盏灯 Y000，当三个开关全通，或者全断时灯亮，其他情况灯灭。试使用比较指令设计梯形图程序。

6-2 6 盏灯循环控制，要求：按下起动信号 X000，6 盏灯（Y000、Y001～Y005）依次循环显示，每盏灯亮 1s 时间。按下停车信号 X001，灯全灭。

6-3 交通信号灯的控制要求：红、绿、黄灯受一个起动开关控制，当起动开关接通时，交通信号灯系统开始工作，先南北红灯和东西绿灯亮，东西绿灯亮 15s 后，开始闪动，周期 1s，闪动 2 次后熄灭，东西黄灯亮 2s 后，东西黄灯熄灭，东西红灯亮，同时南北红灯熄灭，南北绿灯亮。南北绿灯亮 15s 后，开始闪动，周期 1s，闪动 2s 后熄灭，南北黄灯亮 2s，然后南北红灯亮，同时东西红灯熄灭，东西绿灯亮，开始第二周期动作。

根据上述要求写出 I/O 分配表、I/O 接线图、梯形图并作注释。

6-4 设计交通信号灯 PLC 控制系统。控制要求：

1）东西向：绿 5s，绿闪 3 次，黄 2s；红 10s；

2）南北向：红 10s，绿 5s，绿闪 3 次，黄 2s。

6-5 设计彩灯顺序控制系统，控制要求：

1）A 亮 1s，灭 1s；B 亮 1s，灭 1s；

2）C 亮 1s，灭 1s；D 亮 1s，灭 1s。

3）A、B、C、D 亮 1s，灭 1s。

4）循环三次。

6-6 有一车库的开放时间为 7：30～22：30，所以要求车库门在上午 7：30 自动打开，在晚上 22：30 自动关闭。车库的两扇门分别由两台电动机控制，在两扇门的上端和下端均设有限位开关。在值班室设有两组开门和关门按钮，在特殊情况时可手动控制车库打开和关闭。

6-7 用定时器控制路灯定时亮灭。要求早上 6：00 关灯，晚上 18：30 关灯。

6-8 有 6 只灯泡轮流点亮，每次只有一只灯泡亮，亮 1s。试分别用定时器和移位寄存器指令实现此控制要求。

项目 7

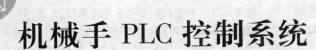

机械手 PLC 控制系统

教学目标

1. 能熟练使用 PLC 基本指令及应用指令。
2. 会用 PLC 实现对各种机械手的控制。
3. 能调试、排除各种机械手控制电路的常见故障。

模块 1　旋转式机械手 PLC 控制系统

一、工作任务

根据旋转机械手的控制要求，完成旋转机械手 PLC 控制系统的硬件设计与制作，用 PLC 实现对旋转式机械手控制系统的软件设计，并能进行软、硬件的综合调试。

二、相关实践知识

旋转式机械手是一个旋转、垂直位移，具有中断、关机记忆功能的机械设备。旋转式机械手动作示意图如图 7-1 所示。旋转式机械手的工作方式分单周期、连续两种，由工作方式选择开关 SA 进行循环控制的选择（连续/单）。传送带 A、B 分别由电动机 M1、M2 驱动，机械手的旋转运动、上下运动、夹紧与放松均由气动电磁阀控制。

控制要求：

1）开机时若机械手停在初始位置，按下起动按钮 SB1，传送带 A 开始运转，并且机械手从右下限开始上升，而传送带 A 持续运转。

2）升至上限，限位开关 SQ1 动作，上升停止，机械手开始左转。

3）左旋至左限，限位开关 SQ2 动作，左旋停止，机械手开始下降。

4）降至下限，限位开关 SQ3 动作，下降停止，传送带 B 开始运转。

5）当传送带 B 上面的物件挡住光束时，光接收开关 SQ4 动作，传送带 B 停止，机械手抓物件开始夹紧。

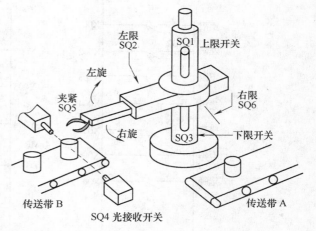

图 7-1　旋转式机械手动作示意图

6）当物件夹紧适当时，限位开关 SQ5 动作，夹紧停止，机械手开始上升。

7）升至上限，限位开关 SQ1 动作，上升停止，机械手开始右旋。

8）右旋至右限，限位开关 SQ6 动作，右旋停止，机械手开始下降。

9）降至下限，限位开关 SQ3 动作，下降停止，并开始放松夹紧物件。

10）经 $\Delta t_1 = 3\text{s}$ 时，放物件动作结束。一个工作循环动作结束。

11）工作方式选择开关 SA 为连续/单循环控制。所谓连续循环，即一次循环结束，随即或延时 0.5s 后自动进入下一次循环；所谓单循环，即一次循环结束后，机械手就停在初始位。若想机械手再一次开始工作，必须再次按起动按钮 SB1 方可。

12）生产现场偶尔会出现突然断电或需立即中断机械手工作的特殊情况。当再次开机起动时，要求机械手必须具备记忆判别功能，从中断时尚未完成的工步开始，接着执行以后的各步序动作。

13）若不按工步的次序，误操作令其他的 SB 与 SQ 动作，均不会引起工步的转换，不会出现工步次序的混乱。

14）在上述放物件工步正在进行过程中，若突然断电，整个系统立即停止工作。当再次开机起动时，机械手能自动继续执行放松夹紧物，直至一次循环工步结束。

15）除传送带A在持续运转以外，系统的其他诸多工步，任何时刻只允许有一个工步动作。

16）当传送带A未起动时，除放松工步外，其他所有工步均不动作。

1. 选择PLC机型

根据输入/输出继电器的个数，选择PLC机型。分析PLC的输入和输出信号，作为选择PLC机型的依据之一。现选择三菱公司生产的FX2N小型PLC，其I/O地址分配见表7-1，I/O外部接线图如图7-2所示。

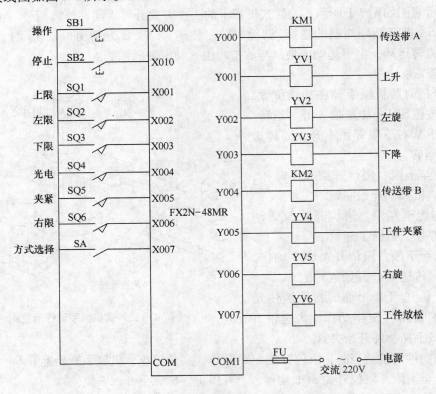

图7-2 I/O外部接线图

表7-1 I/O地址分配表

输　　　入		输　　　出	
上限开关SQ1	X001	KM1控制传送带A	Y000
左限开关SQ2	X002	上升电磁阀YV1	Y001
下限开关SQ3	X003	左旋电磁阀YV2	Y002
光电开关SQ4	X004	下降电磁阀YV3	Y003
夹紧开关SQ5	X005	KM2控制传送带B	Y004
右限开关SQ6	X006	夹紧电磁阀YV4	Y005

（续）

输　入		输　出	
方式选择开关 SA	X007	右旋电磁阀 YV5	Y006
起动按钮 SB1	X000	放松电磁阀 YV6	Y007
停止按钮 SB2	X010		

2. 顺序控制设计法设计程序

根据旋转式机械手的控制要求，单周期控制的流程图如图 7-3 所示，根据流程图可知旋转式机械手的各工作步序和转换条件。旋转式机械手的步与步之间的转换是单方向进行的，最后回到初始位置进行"单步/连续"的选择，系统控制规律是顺序控制，后一步工作条件是以前一工步完成为前提，这种控制规律最适宜采用顺序功能图法设计。

由于要求旋转式机械手必须具备记忆判别功能，所以利用具有掉电保持功能的状态继电器 S500～S508 作为各工作步的控制位来实现。图 7-4 所示为旋转式机械手控制系统的梯形图，图 7-5 所示为旋转式机械手控制系统的指令语句表。初始化脉冲 M8002 对初始步 S0 置位，当选择单周期时，将工作方式选择开关 SA 置于单周期位，X007 置为 ON；同样，当选择连续工作方式时，X007 为 OFF。

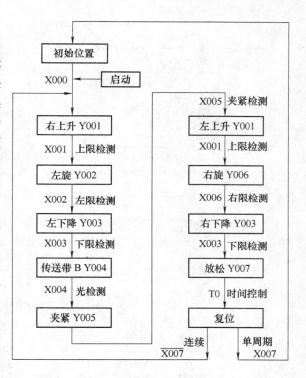

图 7-3　旋转式机械手单周期控制流程图

3. 系统调试

（1）单周期工作方式　将工作方式选择开关 SA 置于单循环，X007 为 ON，初始化脉冲 M8002 对初始步 S0 置位，按下起动按钮 SB1，X000 为 ON，Y000 接通传送带 A 起动，Y001 接通机械手在初始位置开始上升，当检测到上限位置时，X001 接通，Y001 断开，停止上升，同时 Y002 接通，机械手向左旋转，检测到左限位置时，X002 接通，Y002 断开，Y003 接通，机械手下降，检测到下限位置时，X003 接通，Y003 断开，Y004 接通，传送带 B 起动，运送工件到位时，光接收开关 X004 接通，传送带 B 停止工作，机械手开始上升，依次按顺序执行下去，一直运行到一个周期的最后一步，由于 X007 为 ON 状态，程序将返回到 S0 初始步，机械手结束运行。按下停止按钮 X010 为 ON 时，传送带 A 停止工作。

（2）连续工作方式　当选择连续工作方式时，将工作方式选择开关 SA 置于连续方式，X007 为 OFF。当一个周期结束后，程序将运行到 S500 步，自动开始第二个周期的工作。

M8040 为转移禁止特殊继电器，当 M8040 为 ON 时，状态继电器 S 停止，但输出 Y 不

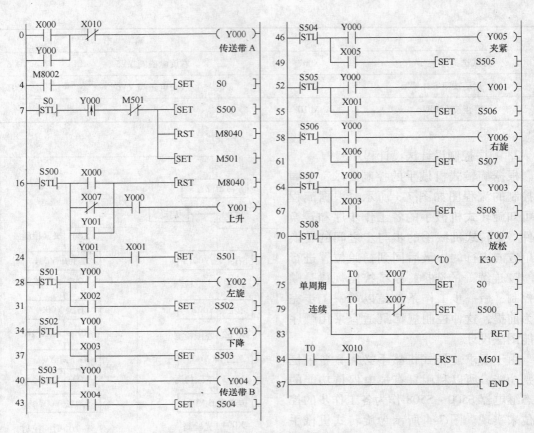

图 7-4 旋转式机械手控制系统的梯形图

0	LD	X000	29	LD	Y000	58	STL	S506	
1	OR	Y000	30	OUT	Y002	59	LD	Y000	
2	ANI	X010	31	LD	X002	60	OUT	Y006	
3	OUT	Y000	32	SET	S502	61	LD	X006	
4	LD	M8002	34	STL	S502	62	SET	S507	
5	SET	S0	35	LD	Y000	64	STL	S507	
7	STL	S0	36	OUT	Y003	65	LD	Y000	
8	LDP	Y000	37	LD	X003	66	OUT	Y003	
10	ANI	M501	38	SET	S503	67	LD	X003	
11	SET	S500	40	STL	S503	68	SET	S508	
13	RST	M8040	41	LD	Y000	70	STL	S508	
15	SET	M501	42	OUT	Y004	71	OUT	Y007	
16	STL	S500	43	LD	X004	72	OUT	T0	K30
17	LD	X000	44	SET	S504	75	LD	T0	
18	ORI	X007	46	STL	S504	76	AND	X007	
19	OR	Y001	47	LD	Y000	77	SET	S0	
20	RST	M8040	48	OUT	Y005	79	LD	T0	
22	AND	Y000	49	LD	X005	80	ANI	X007	
23	OUT	Y001	50	SET	S505	81	SET	S500	
24	LD	Y001	52	STL	S505	83	RET		
25	AND	X001	53	LD	Y000	84	LD	T0	
26	SET	S501	54	OUT	Y001	85	AND	X010	
28	STL	S501	55	LD	X001	86	RST	M501	
			56	SET	S506	87	END		

图 7-5 旋转式机械手控制系统的指令语句表

停止，即在当前步中保持原有的状态不变，当 M8040 为 OFF 时，状态继电器 S 工作，步进工序正常转移。

三、相关理论知识

1. 气动电磁阀

气缸示意图如图 7-6 所示。只要交换进出气的方向就能改变气缸的伸出（缩回）运动，气缸两侧的磁性开关可以识别气缸是否已经运动到位。

双向电磁阀示意图如图 7-7 所示。双向电磁阀用来控制气缸进气和出气，从而实现气缸的伸出、缩回运动。电磁阀内装的红色指示灯有正负极性，如果极性接反了也能正常工作，但指示灯不会亮。

单向电磁阀示意图如图 7-8 所示。单向电磁阀用来控制气缸单个方向运

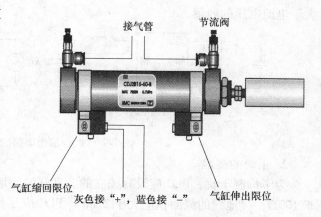

图 7-6　气缸示意图

动，实现气缸的伸出、缩回运动。与双向电磁阀区别是：双向电磁阀初始位置是任意的，可以随意控制两个位置；而单向电磁阀初始位置是固定的，只能控制一个方向。

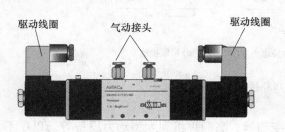

图 7-7　双向电磁阀示意图

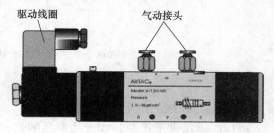

图 7-8　单向电磁阀示意图

2. 气路连接和调试

电磁阀、气缸的气路连接是从汇流排开始，连接时注意：气管走向应按序排布，均匀美观，不能交叉、打折；气管要在快速接头中插紧，不能有漏气现象。

气路调试包括：用电磁阀上的手动换向加锁钮验证顶料气缸和推料气缸的初始位置和动作位置是否正确；调整气缸节流阀以控制活塞杆的往复运动速度。

四、拓展知识

PLC 是专门为工业环境设计的控制装置，具有很高的可靠性，并且有很强的抗干扰能力，但是如果环境过于恶劣，电磁干扰特别强烈，或安装使用不当，都不能保证系统的正常安全运行。干扰可能使 PLC 接收到错误的信号，造成误动作，或使 PLC 内部的数据丢失，严重时甚至会使系统失控。在系统设计时，应采取相应的可靠性措施，以消除或减少干扰的影响，保证系统的正常运行。

1. PLC 输入/输出的可靠性措施

若 PLC 的输入端或输出端接有感性元件，对于直流电路，应在它们两端并联续流二极管，如图 7-9a 所示，以抑制电路断开时产生的电弧对 PLC 的影响。对于交流电路，感性负载的两端应并联阻容吸收电路，如图 7-9b 所示。一般电容可取 $0.1 \sim 0.47\mu F$，电容的额定电压应大于电源峰值电压，电阻可取 $51 \sim 120\Omega$，二极管可取 1A 的管子，但其额定电压应大于电源电压的峰值。

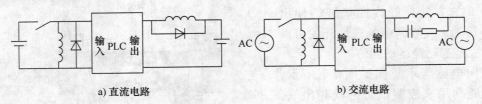

a) 直流电路　　　　　　　　　　　　　　b) 交流电路

图 7-9　输入/输出电路的抗干扰处理

2. 正确的接地

为了抑制干扰，PLC 应设有独立的、良好的接地装置，如图 7-10a 所示。接地电阻要小于 100Ω，接地线的截面积应大于 $2mm^2$。PLC 应尽量靠近接地点，其接地线不能超过 20m。若达不到这种要求，也必须做到与其他设备共用一个接地体，如图 7-10b 所示。禁止如图 7-10c 所示那样与其他设备串联接地。

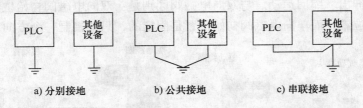

a) 分别接地　　　　　b) 公共接地　　　　　c) 串联接地

图 7-10　PLC 接地

3. 安装与布线的抗干扰措施

PLC 应远离强干扰源，如大功率晶闸管、变频器、高频焊机和大型动力设备等。PLC 不能与高压电器安装在同一个开关柜内，PLC 与高压电源线之间至少应有 200mm 距离。与 PLC 装在同一个开关柜内的电感性元件，如继电器、接触器的线圈，应并联阻容消弧电路。信号线与动力线应分开走线，信号线一般采用专用电缆或双绞线布线。

模块2　搬运机械手PLC控制系统

一、工作任务

根据搬运机械手控制系统的要求，完成搬运机械手 PLC 控制系统的硬件设计与制作，利用应用指令实现对搬运机械手控制系统的软件设计，并能进行软、硬件的综合调试。

二、相关实践知识

搬运机械手是一个水平/垂直位移的机械设备，全部由气缸驱动，而气缸由相应的电磁阀控制，搬运机械手的任务是将工件由右工位搬运到左工位，如图 7-11 所示。搬运机械手的工作方式分为手动、单步、单周期及连续四种。

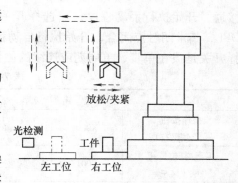

当搬运机械手处于原点（右上方位置）时，起动后机械手下移至 A 点（右工位），夹紧工件后，向上回到原点；然后左移、向下至 B 点（左工位），放下工件，再向上、向右回到原点，完成一次动作周期。

搬运机械手的操作方式分为手动操作和自动操作两种，自动操作方式又分为单步、单周期和连续操作方式。

图 7-11　机械手动作示意图

（1）手动操作　操作按钮对搬运机械手的每一种移位运动单独进行控制。例如，当选择上/下运动方式后，按下操作按钮，搬运机械手上升；按下停车/复位按钮，搬运机械手下降。当选择左/右运动方式后，按下操作按钮，搬运机械手左移；按下停车/复位按钮，搬运机械手右移。当选择夹紧/放松运动方式后，按下操作按钮，搬运机械手夹紧；按下停车/复位按钮，搬运机械手放松。

（2）单步操作　每按下一次操作按钮，搬运机械手完成一个工作步，例如，按一下操作按钮搬运机械手开始下降，下到左工位压动下降限位开关自动停止，欲使之执行下一个工作步，必须再按一次操作按钮。

（3）单周期操作　搬运机械手从原点开始，按一下操作按钮，搬运机械手自动完成一个周期的动作后停止，即搬运一次。

（4）连续操作　搬运机械手从原点开始，按一下操作按钮，搬运机械手的动作将自动地、连续不断地周期性循环，即连续自动搬运。

1. 选择 PLC 机型

根据输入/输出继电器的个数，选择 PLC 机型。

每一个工作位都安装有一个限位开关，系统需要一个操作按钮、停车/复位按钮、动作选择开关、方式选择开关，为了确保在左工位没有工件时才能开始下降，所以应在左工位设置有无工件检测装置，这里使用了光检测装置。这些是 PLC 的输入元件，操作盘面板的布置图如图 7-12 所示。搬运机械手的上升/下降电磁阀、紧/松电磁阀、左行/右行电磁阀、工作状态的指示灯，

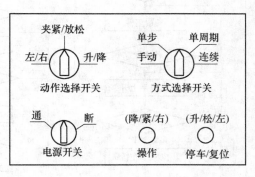

图 7-12　操作盘面板示意图

是 PLC 的执行元件。现选择三菱公司生产的 FX2N 小型 PLC，其 I/O 地址分配表见表 7-2。

2. 流程图

为了分析问题方便，可先作出搬运机械手自动运行的流程图如图 7-13 所示，流程图中，可以清楚地看到搬运机械手每一步的动作内容及转换关系。

3. 用移位与跳转指令实现搬运机械手的 PLC 控制

根据流程图，设计出应用程序的总体方案如图 7-14 所示。图中，把整个程序分为两大块，即手动和自动两部分。当选择开关拨到手动方式时，输入点 X013 为 ON，其常开触点

接通，开始执行手动程序；当选择开关拨在单步、单周期或连续方式时，输入点 X013 为 OFF，其常闭触点闭合，开始执行自动程序。至于执行自动方式的哪一种，则取决于方式选择开关是拨在单步、单周期或连续的位置上。

表 7-2 I/O 地址分配表

输　　入			输　　出	
操作按钮 (降/紧/右)	X000	升/降选择	X010	下降电磁阀	Y000
停车/复位按钮 (升/松/左)	X001	紧/松选择	X011	上升电磁阀	Y001
下降限位	X003	左/右选择	X012	紧/松电磁阀	Y002
上升限位	X004	手动方式	X013	左行电磁阀	Y003
左行限位	X005	单步方式	X014	右行电磁阀	Y004
右行限位	X006	单周方式	X015	原位指示灯	Y005
光电开关	X007	连续方式	X016	夹紧指示灯	Y006
				放松指示灯	Y007

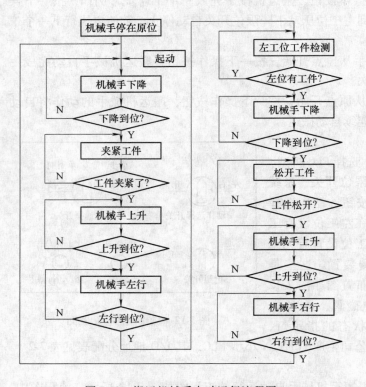

图 7-13　搬运机械手自动运行流程图　　　　图 7-14　程序的总体方案

4. 系统调试

(1) 手动控制　图 7-15 所示是根据控制要求设计的手动控制梯形图程序。下面对系统功能进行调试。

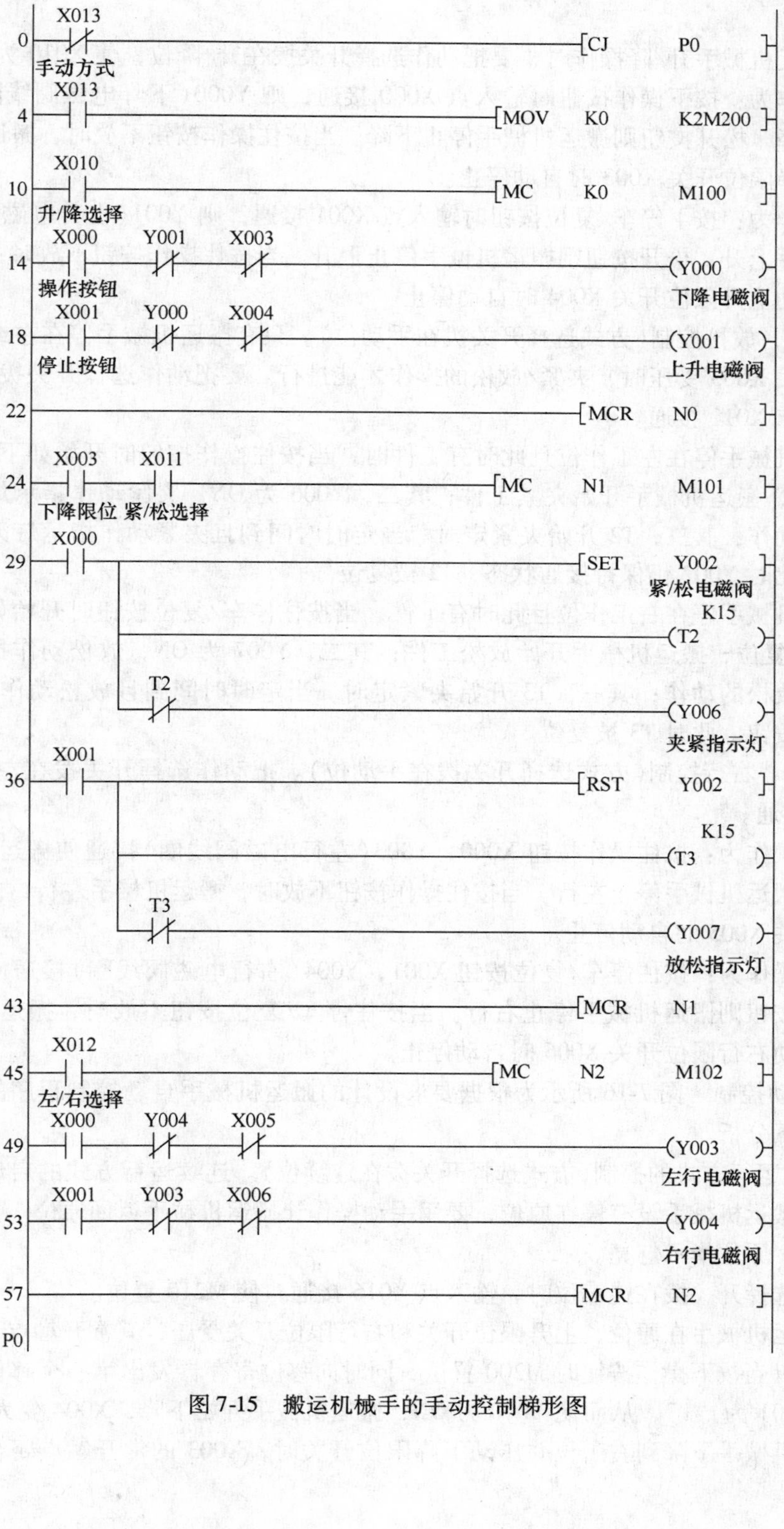

```
        X013
  0 ───┤/├────────────────────────────────────────[CJ      P0 ]─┤
        手动方式
        X013
  4 ───┤├─────────────────────────────────────[MOV   K0   K2M200]─┤

        X010
 10 ───┤├──────────────────────────────────────[MC    K0    M100]─┤
        升/降选择
        X000    Y001    X003
 14 ───┤├──────┤/├─────┤/├──────────────────────────────(Y000)─┤
        操作按钮                                            下降电磁阀
        X001    Y000    X004
 18 ───┤├──────┤/├─────┤/├──────────────────────────────(Y001)─┤
        停止按钮                                            上升电磁阀

 22 ──────────────────────────────────────────────[MCR   N0 ]─┤

        X003    X011
 24 ───┤├──────┤├───────────────────────────────[MC    N1    M101]─┤
        下降限位 紧/松选择
        X000
 29 ───┤├────┬───────────────────────────────────[SET   Y002]─┤
            │                                         紧/松电磁阀
            │                                              K15
            ├──────────────────────────────────────────(T2)─┤
            │   T2
            └──┤/├──────────────────────────────────────(Y006)─┤
                                                       夹紧指示灯
        X001
 36 ───┤├────┬───────────────────────────────────[RST   Y002]─┤
            │                                              K15
            ├──────────────────────────────────────────(T3)─┤
            │   T3
            └──┤/├──────────────────────────────────────(Y007)─┤
                                                       放松指示灯

 43 ──────────────────────────────────────────────[MCR   N1 ]─┤

        X012
 45 ───┤├──────────────────────────────────────[MC    N2    M102]─┤
        左/右选择
        X000    Y004    X005
 49 ───┤├──────┤/├─────┤/├──────────────────────────────(Y003)─┤
                                                       左行电磁阀
        X001    Y003    X006
 53 ───┤├──────┤/├─────┤/├──────────────────────────────(Y004)─┤
                                                       右行电磁阀

 57 ──────────────────────────────────────────────[MCR   N2 ]─┤
 P0
```

图 7-15 搬运机械手的手动控制梯形图

1) 上升/下降控制(方式选择开关拨在手动位)。手动控制搬运机械手的上升/下降、左行/右行、工件的夹紧/放松操作,是通过动作选择开关、操作按钮、停车/复位按钮的配合来完成的。

进行搬运机械手升/降操作时,要把动作选择开关拨在升/降位,使 X010 为 ON。

下降操作为:按下操作按钮时输入点 X000 接通,则 Y000(下降电磁阀线圈)接通使搬运机械手下降,松开按钮则搬运机械手停止下降。当按住操作按钮不放时,搬运机械手下降到位压动下降限位开关 X003 时自动停止。

上升操作为:按下停车/复位按钮时输入点 X001 接通,则 Y001(上升电磁阀线圈)接通使搬运机械手上升,松开按钮则搬运机械手停止上升。当按住操作按钮不放时,搬运机械手上升到位压动上升限位开关 X004 时自动停止。

2) 夹紧、放松控制(方式选择开关拨在手动位)。只有搬运机械手停在左或右工作位且下降限位开关 X003 受压时,夹紧/放松的操作才能进行。要把动作选择开关拨在夹紧/放松位,使输入点 X011 接通。

若搬运机械手停在左工作位且此时有工件时,当按住操作按钮时开始如下动作:其一,Y002 被置位,搬运机械手开始夹紧工件;其二,Y006 为 ON,夹紧动作指示灯亮,表示正在进行夹紧动作;其三,T2 开始夹紧定时。当定时时间到且夹紧动作指示灯灭时,方可以松开按钮。此时 Y002 仍保持接通状态,T2 被复位。

若搬运机械手停在右工作位且此时有工件,当按住停车/复位按钮时开始如下动作:其一,Y002 被复位,搬运机械手开始放松工件;其二,Y007 为 ON,放松动作指示灯亮,表示正在进行放松的动作;其三,T3 开始夹紧定时。当定时时间到且放松动作指示灯灭时,方可以松开按钮。此时 T3 被复位。

3) 左行、右行控制(方式选择开关拨在手动位)。把动作选择开关拨在左/右位,使输入点 X012 接通。

左行的操作为:按住操作按钮 X000,Y003(左行电磁阀线圈)接通使搬运机械手左行,松开按钮则搬运机械手停止左行。当按住操作按钮不放时,搬运机械手左行,左行到位压动左行限位开关 X005 时自动停止。

右行的操作为:按住停车/复位按钮 X001,Y004(右行电磁阀线圈)接通使搬运机械手右行,松开按钮则搬运机械手停止右行。当按住停车/复位按钮不放时,搬运机械手右行,右行到位压动右行限位开关 X006 时自动停止。

(2) 自动控制　图 7-16 所示为根据要求设计的搬运机械手自动控制程序的梯形图,对其功能作如下分析。

1) 连续运行方式的控制(方式选择开关拨在连续位)。连续运行方式的启动必须从原位开始。如果搬运机械手没有停在原位,要用手动操作让搬运机械手返回原位。当搬运机械手返回原位时,原位指示灯亮。

当方式选择开关拨在连续位时,输入点 X016 接通,使 M210 置位。

由于搬运机械手在原位,上升限位开关和右行限位开关受压,其常开触点 X004 和 X006 都闭合。所以当按下操作按钮时 M200 置位,同时向移位寄存器发出第一个移位脉冲。第一次移位使 M201 为"1",从而使 Y000 为 ON,搬运机械手开始下降,X004 变为 OFF。

当搬运机械手下降到右工位并压动下降限位开关时,X003 的常开触点闭合,于是移位寄存器移位一次。由于搬运机械手离开了原位，且串联在移位输入端的常开触点 X000 和 X004 都是断开的，所以这次移位使 M201 变为"0"，而 M202 为"1"。

接下来的控制顺序由同学们自行分析。

2）单周期运行方式的控制（方式选择开关拨在单周期位）。由于方式选择开关拨在单周

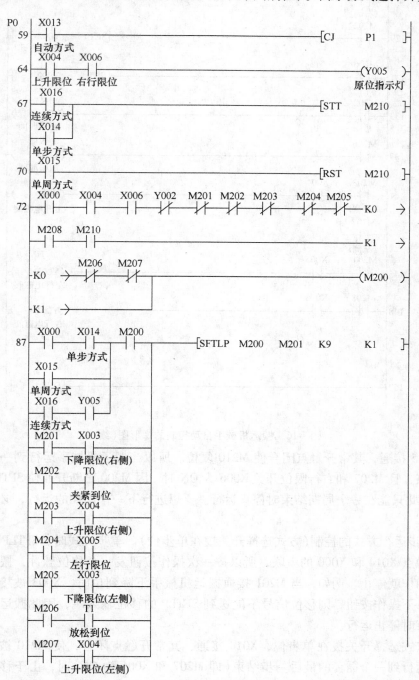

图 7-16　搬运机械手自动控制的梯形图

电气控制与PLC(三菱 FX 机型)

```
         M205   X007   X003
124       ┤├─────┤/├────┤/├──────────────────────────( Y000 )
         (左侧)  光电开关                                  下降电磁阀
         M201
         ┤├
         (右侧)
         M202
129       ┤├───────────────────────────────────────[SET   Y002 ]
                                                        紧/松电磁阀
         M206
131       ┤├───────────────────────────────────────[RST   Y002 ]

         M202                                            K15
133       ┤├──────────────────────────────────────────( T0 )
                                                        夹紧时间
         M206                                            K15
137       ┤├──────────────────────────────────────────( T1 )
                                                        放松时间
         M203   X004
141       ┤├─────┤/├──────────────────────────────────( Y001 )
         (右侧)                                          上升电磁阀
         M207
         ┤├
         (左侧)
         M204   X005
145       ┤├─────┤/├──────────────────────────────────( Y003 )
                                                        左行电磁阀
         M208   X006
148       ┤├─────┤/├──────────────────────────────────( Y004 )
P1                                                      右行电磁阀
151

152      ───────────────────────────────────────────[END ]
```

图 7-16 搬运机械手自动控制的梯形图(续)

期位时 X015 接通，其常开触点闭合使 M210 复位。所以当搬运机械手运行到一个循环的最后一步结束，且 M207 和右行限位开关 X006 为 ON 时，因 M200 已断开而使 SFTLP 的数据输入为 0，因此只能在一个周期结束时停止运行。要想进行下一个周期的运行，必须再按一下操作按钮。

3) 单步运行方式的控制(方式选择开关拨在单步位)。单步方式时，SFTLP 的移位输入端是常开触点 X014 和 X000 的串联，所以按一次操作按钮发一个移位脉冲，搬运机械手只完成一步动作就停止。例如，当 M201 接通搬运机械手下降到位时，X003 被接通，但此时若不再按一下操作按钮，则移位信号不能送到 SFTLP 的移位输入端，因此搬运机械手只能在一步结束时停止运行。

由于方式选择开关拨在单步位，X014 接通，其常开触点闭合，使 M210 被置位。当搬运机械手运行到一个循环的最后一步结束(即 M207 和 X006 为 ON)时，由于移位输入端的 M207 和 M210 接通，所以若再按一次操作按钮，将使 M201 再置位，即进入下一个周期的第一步。

4）自动方式下误操作的禁止。连续、单周期、单步都属于自动方式的运行，为了防止误操作，这里编写了相应的程序。

5）手动和自动方式转换时的复位问题。由于手动和自动的切换是由 CJ 指令实现的，当 CJ 的执行条件由 OFF 变为 ON 时，CJ 之间的各输出状态保持不变。所以在手动方式与自动方式切换时，一般要进行复位操作，以避免出现错误动作。

三、相关理论知识

1. 条件跳转指令

条件跳转指令的格式要求见表 7-3。

表 7-3　条件跳转指令的格式要求

指令名称	助记符	指令代码	操作数 n
条件跳转	CJ(P)	FNC00	00 ~ 127

条件跳转指令 CJ 的应用指令操作数为 P0 ~ P127，P63 是 END 所在步序，不需要标记，该指令占三个程序步，标号占一个程序步。

CJ 和 CJP 指令的作用是当满足一定条件时，程序跳转到指针 P×× 所标位置继续执行。由于被跳过梯形图不再被扫描，所以减少了扫描时间。当图 7-17 中的 X010 为 ON 时，程序跳到 P15 处，这时，不执行被跳过的那部分指令。如果 X010 为 OFF，不执行跳转，程序按原顺序执行。输入程序时，标号 P15 应放在指令"LD X015"之前。

图 7-18 所示程序中，两个条件不同的跳转指令使用相同标号，当 X010 接通，X011 断开时，第一条跳转指令生效。若 X010 断开，X011 接通则第二条跳转指令生效，程序跳到同一目标。在程序中，一个标号只允许出现一次，否则程序会出错。若采用 M8000 作为跳转条件，则称其为无条件跳转，因为 PLC 运行时，M8000 一直接通。

CJ 指令可转移到主程序的任何地方或 FEND 指令后的任何地方，可向前跳，也可以向后跳。

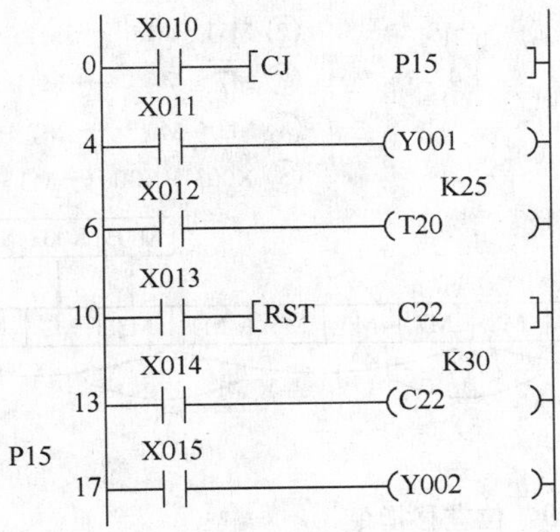

0	LD	X010	
1	CJ	P15	
4	LD	X011	
5	OUT	Y001	
6	LD	X012	
7	OUT	T20	K25
10	LD	X013	
11	RST	C22	
13	LD	X014	
14	OUT	C22	K30
17	P15		
18	LD	X015	
19	OUT	Y002	

图 7-17　CJ 指令的应用之一

在跳转执行期间，即使被跳过程序的驱动条件改变，其线圈仍保持跳转前的状态。如果在跳转开始时定时器和计数器已在工作，则在跳转执行期间它们将停止工作，到跳转条件不满足后再继续工作。但对于正在工作的定时器 T192 ~ T199 和计数器 C235 ~ C255，不管有无跳转仍连续工作。若积算定时器和计数器的复位指令在跳转区外，即使它们的线圈被跳转，对它们的复位仍然有效。

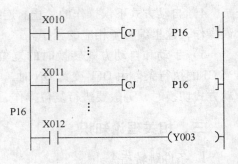

图 7-18　CJ 指令的应用之二

2. 移位指令

移位指令包括 SFTR、SFTL、WSFR、WSFL。这些指令的格式要求见表 7-4。

表 7-4　移位指令的格式要求

指令名称	助记符	指令代码	操 作 数		
			[S]	[D]	n1、n2
位右移	SFTR(P)	FNC34	X、Y、M、S	Y、M、S	K、H
位左移	SFTL(P)	FNC35			n2≤n1≤1024
字右移	WSFR(P)	FNC36	KnX、KnY、KnM、KnS、T、C、D	KnY、KnM、KnS、T、C、D	K、H
字左移	WSFL(P)	FNC37			n2≤n1≤512

（1）位左移指令　位左移指令 SFTL 和 SFTLP 执行时，将源操作数[S]中位元件的状态送入目标操作数[D]中的低 n2 位中，并依次将目标操作数向左（高位）移位，目标操作数中的高 n2 位溢出。源操作数各位状态不变。在指令的连续执行方式中，每一个扫描周期都会移位一次。在实际应用中，常采用 SFTLP 脉冲执行方式。

如图 7-19 所示，当 X000 由 OFF 变为 ON 时，执行 SFTLP 指令，将源操作数 X003 ~ X000 中的 4 个数送入到目标操作数 M 的低 4 位 M3 ~ M0 中去，并依次将 M15 ~ M0 中的数顺次向左移，每次移 4 位。高 4 位 M15 ~ M12 溢出。

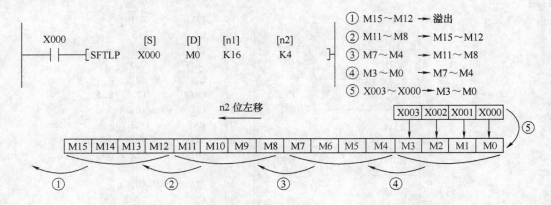

图 7-19　位左移指令

例如，4 盏流水灯每隔 1s 顺序点亮，并不断循环。由于输出是 4 盏灯，所以移位指令的长度是 4 位，每次移动 1 位，输出是 Y000 ~ Y003，其梯形图和指令语句表如图 7-20 所示。用定时器 T0 和 T1 构成周期为 1s 的脉冲，用 T0 的常开触点控制每次移位，由于只在 1s 内移动一次，所以用 SFTLP 指令实现。

0	LDI	T1
1	OUT	T0 K5
4	LD	T0
5	OUT	T1 K5
8	LDI	Y000
9	ANI	Y001
10	ANI	Y002
11	ANI	Y003
12	OUT	M0
13	LD	T0
14	SFTLP	M0 Y000 K4 K1
23	END	

图 7-20　4 盏流水灯循环点亮控制梯形图和指令语句表

（2）位右移指令　位右移指令 SFTR 和 SFTRP 执行时，将源操作数[S]中位元件的状态送入目标操作数[D]中的高 n2 位中，并依次将目标操作数向右（低位）移位，目标操作数中的低 n2 位溢出。源操作数各位状态不变。在指令的连续执行方式中，每一个扫描周期都会移位一次。在实际应用中，常采用 SFTRP 脉冲执行方式。

如图 7-21 所示，当 X000 由 OFF 变为 ON 时，执行 SFTR 指令，将源操作数 X003 ~ X000 中的 4 个数送入到目标操作数 M 的高 4 位 M15 ~ M12 中去，并依次将 M15 ~ M0 中的数顺次向右移，每次移 4 位。低 4 位 M3 ~ M0 溢出。

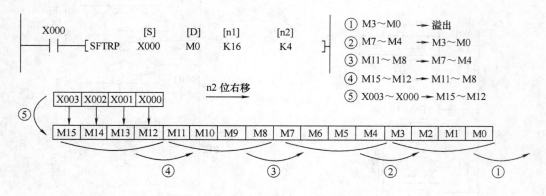

图 7-21　位右移指令

字移位指令 WSFR（WSFL）执行时，将指定的源操作数[S]中的二进制数向目标操作数[D]中以字（16 位二进制数）为单位向右（左）移位，n1 指定目标操作数的字数，n2 指定每次向前移动的字数。用位指定的元件进行字位移指令时，是以 8 位数为一组进行的。

四、拓展知识

1. 子程序调用与子程序返回指令

子程序调用与子程序返回指令的格式要求见表 7-5。

表 7-5 子程序调用与子程序返回指令的格式要求

指令名称	助记符	指令代码	操作数
			n
子程序调用	CALL(P)	FNC01	0 ~ 62
子程序返回	SRET	FNC02	无

当 CALL 指令被驱动时，程序转移到由 P × × 指针标号的子程序执行，通常子程序位置总是处在 FEND 与 END 指令之间，因此 CALL 指令必须和 FEND 与 SRET 指令一起使用。SRET 指令的作用是当子程序执行完毕，回到原跳转点下一条指令继续执行主程序，即当子程序执行到 SRET 指令后立即返回 CALL 指令的下条指令，继续执行主程序。同样要注意子程序执行时间不能超过警戒定时器设定时间。

图 7-22 所示为 CALL 与 SRET 指令的应用。当 X011 接通时，执行 CALL 指令，使程序跳到标号为 P8 处，子程序被执行，子程序执行完后返回主程序第 104 步即 CALL 指令后一条指令，继续执行主程序。子程序标号要写在主程序结束指令 FEND 之后，而且同一标号只能出现一次，CALL 指令与 CJ 指令指针标号不得相同。

CALLP 与 CALL 的区别在于子程序仅在 X000 由 OFF 变为 ON 时执行一次。子程序的嵌套调用如图 7-23 所示。在图中，子程序的嵌套调用是当执行子程序 P11 时，若 CALL P12 指令被执行，则程序跳到子程序 P12，执行到 SRET 指令后程序返回子程序 P11 中的 CALL P12 指令的下一步，执行到 SRET 指令后再返回主程序。因此，在子程序中，可以形成程序嵌套，总数有 5 级。

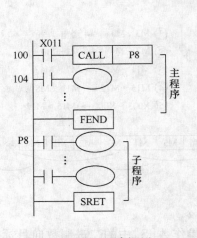

图 7-22 子程序调用

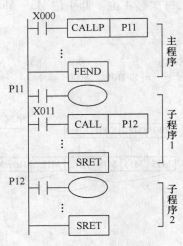

图 7-23 子程序的嵌套调用

2. 中断指令

中断指令共有三条 IRET、EI、DI，其格式要求见表 7-6。

FX2N 系列 PLC 设置 9 个中断点，即由 X000 ~ X005 输入的 6 个脉冲宽度大于 200μs 的外部中断请求信号和 3 个内部定时器定时请求信号。

表 7-6　中断指令的格式要求

指令名称	助记符	指令代码	操作数
			n
中断返回	IRET	FNC03	
开中断	EI	FNC04	无
关中断	DI	FNC05	

　　IRET、EI、DI 这三条指令既没有驱动条件又无操作数，在梯形图中直接与左母线相连。如图 7-24 所示，EI 指令到 DI 指令之间为允许中断区间，CPU 在扫描其梯形图时，若有中断请求信号产生，则 CPU 停止扫描当前梯形图，而转去执行由中断指针 I×× 标号的中断服务子程序，直到执行到 IRET 指令才返回到主程序继续执行。如果中断请求信号发生在 EI 与 DI 区域之外，即禁止中断区间，则该中断请求信号被锁存起来，直到 CPU 扫描到 EI 指令后才转去执行该中断服务子程序。FX2N 系列 PLC 允许有 2 级中断嵌套，并有优先权力处理功能，即在执行中断服务子程序过程中还可以响应高一级的中断请求。当有多个中断请求同时发生时，中断标号越小者优先权级别越高。在开中断期间若需禁止响应某一中断只要将特殊辅助继电器 M8050 ~ M8059 中的某一位置 1，即如图 7-24 所示中 X000 接通时，M8050 被置 1，则禁止中断。中断子程序从中断标号 I0 开始，到第一条 IRET 指令结束。中断程序应放在主程序结束指令 FEND 之后。FX2N 系列 PLC 中断标号的含义如图 7-25 所示。

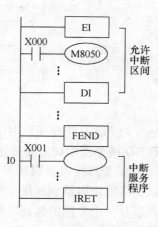

图 7-24　中断指令

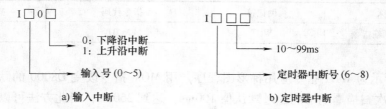

a) 输入中断　　　　　　　　　b) 定时器中断

图 7-25　FX2N 系列 PLC 中断标号的含义

　　图 7-26 所示为输入中断子程序的应用，当 X000 的上升沿通过中断使 Y000 立即变为 ON，在 X001 的下降沿通过中断使 Y000 立即变为 OFF。

　　3. 主程序结束指令

　　主程序结束指令 FEND 表示主程序结束。格式要求见表 7-7。当程序执行到 FEND 时，进行输出处理、输入处理、监视定时器和计数器刷新，全部完成以后返回程序的第 0 步。

表 7-7　主程序结束指令的格式要求

指令名称	助记符	指令代码	操作数
			n
主程序结束	FEND	FNC06	无

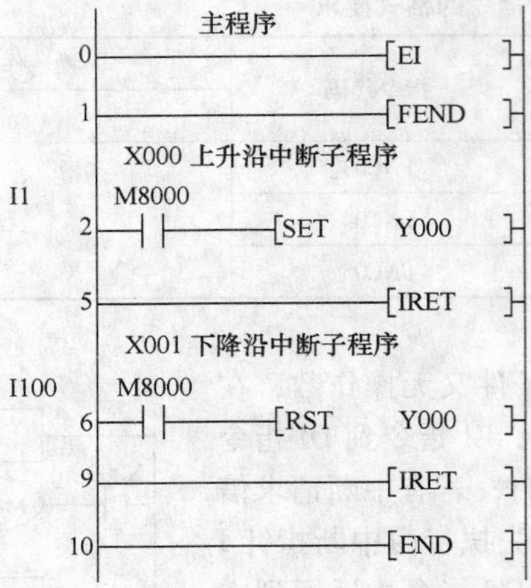

0	EI	
1	FEND	
2	I1	
3	LD	M8000
4	SET	Y000
5	IRET	
6	I100	
7	LD	M8000
8	RST	Y000
9	IRET	
10	END	

图 7-26　输入中断子程序的应用

当 FEND 指令使用时应注意，中断子程序必须写在主程序结束指令 FEND 和 END 之间。FEND 指令使用如前面所述。

4. 警戒定时器刷新指令

警戒定时器刷新指令 WDT 是用来刷新警戒定时器的指令，格式要求见表 7-8。警戒定时器是一个专用的监视定时器，其设定值存放在专用数据寄存器 D8000 中，默认值为 100，其计时单位为 ms。在不执行 WDT 指令时，每次扫描到 END 或 FEND 指令刷新警戒定时器当前值。当程序扫描周期超过 100 ms 或专门设定值时，其逻辑线圈被接通，CPU 立即停止扫描用户程序，切断所有输出并发出报警显示信号。

表 7-8　警戒定时器刷新指令的格式要求

指令名称	助记符	指令代码	操 作 数
警戒定时器刷新指令	WDT	FNC07	无

图 7-27 所示为 WDT 指令应用梯形图程序。用 MOV 指令改变 D8000 的默认值，可以让执行程序的每次扫描周期均能超过默认值 100ms，达到 260ms，用此方法可以将警戒定时器改成更大的值。

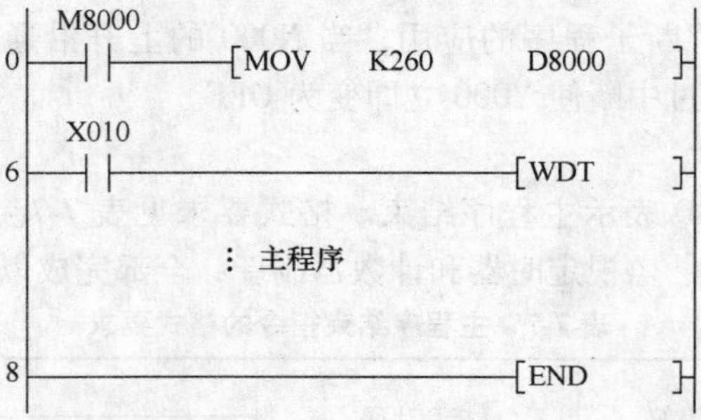

图 7-27　WDT 指令应用梯形图程序

习　题　7

7-1　如果 PLC 的输入端或输出端接有感性元件，应采取什么措施来保证 PLC 的可靠运行？

7-2　设计电镀生产线 PLC 控制系统，控制要求：

1）SQ1～SQ4 为行车进退限位开关，SQ5、SQ6 为上下限位开关。

2）工件提升至 SQ5 停，行车进至 SQ1 停，放下工件至 SQ6，电镀 10s，工件升至 SQ5 停，滴液 5s，行车退至 SQ2 停，放下工件至 SQ6，定时 6s，工件升至 SQ5 停，滴液 5s，行车退至 SQ3 停，放下工件至 SQ6，定时 6s，工件升至 SQ5 停，滴液 5s，行车退至 SQ4 停，放下工件至 SQ6。

3）完成一次循环。

7-3　电动机拖动的运输小车如图 7-28 所示，可以向 A、B、C 三个工作位送料物料，其动作过程如下：

1）第一次，小车把物料送到 A 处并自动卸料 5s 后返回，返回原位时料斗开关打开，装料 10s 后，料斗开关关闭并启动第二次送料。

2）第二次，小车把物料送到 B 处并自动卸料 5s 后返回，返回原位时料斗开关打开，装料 10s 后，料斗开关关闭并启动第三次送料。

3）第三次，小车把物料送到 C 处并自动卸料 5s 返回，返回原位时料斗开关打开，装了 10s 后，料斗开关关闭并启动第四次送料（物料送到 A 处），此后重复上述送料过程。要求有手动、单周期、连续三种工作方式。

按上述要求，列出所需控制电器元件，选择 PLC 机型，作 I/O 地址分配表，画出 PLC 外部的接线图和操作盘面板的布置图，画出小车电动机的主电路图，设计一个满足要求的梯形图。

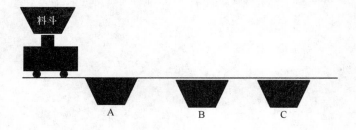

图 7-28　题 7-3 图

7-4　物品分选系统的布置如图 7-29 所示，传送带由电动机拖动，电动机每转过一定角度时 PH1 发出一个脉冲（下称步脉冲），对应物品在传送带上移动一定的距离。系统的控制要求为：

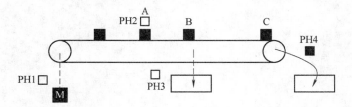

图 7-29　题 7-4 图

1）传送带上的物品经过 A 处时，检测头 PH2 对物品进行检验，若属于次品，在物品到达 B 处（B 与 A 处相距 4 个步脉冲）时，电磁铁线圈接通并动作，将次品推入次品箱。次品经过光开关 PH3 使之发出信号，记录次品个数，并使电磁铁线圈断电。若一小时之内次品超过 5 个，应发出不停机的故障报警。

2）若物品属于正品，则继续前行到 C 处并落入正品箱，正品经过光开关 PH4 时使之发出信号，以记录正品的数量。

3）正品箱中满 100 个物品使传送带自动停止，并起动封箱机（液压电磁阀控制）封箱。人工搬走成品箱并更换空箱，两个操作限时 15s，之后传送带又自行起动，并循环上述过程。

按上述要求，列出所需控制电器元件，选择 PLC 机型，作 I/O 地址分配表，画出 PLC 的外部接线图及电动机的主电路图，设计一个满足要求的梯形图。

7-5　设计喷泉电路，喷泉有 A、B、C 三组喷头。控制要求：

(1) 按下起动按钮，喷泉控制装置开始工作，按下停止按钮，喷泉控制装置停止工作。

(2) 喷泉的工作方式由花样选择开关和单步/连续开关决定。

(3) 当单步/连续开关在单步位置时，喷泉只能按照花样选择开关设定的方式，运行一个循环。

(4) 花样选择开关用于选择喷泉的喷水花样，共有两种喷水花样：

1) 花样选择开关在位置 1 时，按下起动按钮后，C 号喷头喷水，延时 2s 后，B 号喷头喷水，再延时 2s 后，A 号喷头喷水。18s 后，如果为单步工作方式，则停下来。如果为连续工作方式，则继续循环下去。

2) 花样选择开关在位置 2 时，按下起动按钮后，A 号、C 号喷头同时喷水，延时 3s 后，B 号喷头喷水，A 号、C 号喷头停止喷水，3s 后 B 号喷头停止喷水。如此交替 15s 后，3 组喷头全喷水。30 s 后，如果为单步工作方式，则停下来。如果为连续工作方式，则继续循环下去。

按上述要求，写出 I/O 地址分配表，画出 PLC 外部的 I/O 接线图，选择 PLC 的机型，编写一个满足要求的梯形图，并调试。

附　　录

附录 A　FX-20P-E 型手持式编程器的使用

1. FX-20P-E 型手持式编程器的功能概述

FX-20P-E 型手持式编程器(简称 HPP)通过编程电缆可与三菱 FX 系列 PLC 相连,用来给 PLC 写入、读出、插入和删除程序,以及监视 PLC 的工作状态等。

图 A-1 所示为 FX-20P-E 型手持式编程器面板布置示意图。FX-20P-E 型手持式编程器是一种智能简易型编程器,既可联机编程又可脱机编程,本机显示窗口可同时显示四条基本指令。它的功能如下:

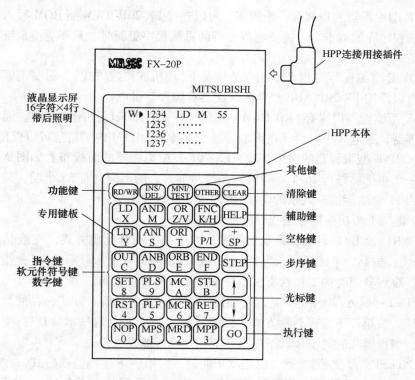

图 A-1　FX-20P-E 型手持式编程器面板布置示意图

1) 读(Read)——从 PLC 中读出已经存在的程序。

2) 写(Write)——向 PLC 中写入程序或修改程序。

3) 插入(Insert)——插入和增加程序。

4) 删除(Delete)——从 PLC 程序中删除指令。

5) 监控(Monitor)——监视 PLC 的控制操作和状态。

6) 检测(Test)——改变当前状态或监视器件的值。

7）其他(Other)——列屏幕菜单、监视或修改程序状态、程序检查、内存传送、修改参数、清除、音响控制。

2. FX-20P-E 型手持式编程器的组成与面板布置

（1）FX-20P-E 型手持式编程器的组成　FX-20P-E 型手持式编程器主要包括以下几个部件：

1）FX-20P-E 型编程器。

2）FX-20P-CAB0 型电缆，用于对三菱的 FX0 以上系列 PLC 编程。

3）FX-20P-RWM 型 ROM 写入器模块。

4）FX-20P-ADP 型电源适配器。

5）FX-20P-CAB 型电缆，用于对三菱的其他 FX 系列 PLC 编程。

6）FX-20P-FKIT 型接口，用于对三菱的 F1、F2 系列 PLC 编程。

其中编程器与电缆是必需的，其他部分是选配件。编程器右侧面的上方有一个插座，将 FX-20P-CAB0 型电缆的一端输入该插座内(见图 A-1)，电缆的另一端插到 FX0 系列 PLC 的 RS-422 编程器插座内。

FX-20P-E 型编程器的顶部有一个插座，可以连接 FX-20P-RWM 型 ROM 写入器，编程器底部插有系统程序存储器卡盒，需要将编程器的系统程序更新时，只要更换系统程序存储器即可。

在 FX-20P-E 型编程器与 PLC 不相连的情况下(脱机或离线方式)，需要用编程器编制用户程序时，可以使用 FX-20P-ADP 型电源适配器对编程器供电。

FX-20P-E 型编程器内附有 8KB RAM，在脱机方式时用来保存用户程序。编程器内附有高性能的电容器，通电一小时后，在该电容器的支持下，RAM 内的信息可以保留三天。

（2）FX-20P-E 型编程器的面板布置　FX-20P-E 型编程器的面板布置如图 A-1 所示。面板的上方是一个 4 行、每行 16 个字符的液晶显示屏。它的下面共有 35 个键，最上面一行和最右边一列为 11 个功能键，其余的 24 个键为指令键和数字键。

1）功能键。11 个功能键在编程时的功能如下：

① RD/WR：读出/写入键，是双功能键，按第一下选择读出方式，在液晶显示屏的左上角显示"R"；按第二下选择写入方式，在液晶显示屏的左上角显示"W"；按第三下又回到读出方式，编程器当时的工作状态显示在液晶显示屏的左上角。

② INS/DEL：插入/删除键，是双功能键，按第一下选择插入方式，在液晶显示屏的左上角显示"I"；按第二下选择删除方式，在液晶显示屏的左上角显示"D"；按第三下又回到插入方式，编程器当时的工作状态显示在液晶显示屏的左上角。

③ MNT/TEST：监视/测试键，也是双功能键，按第一下选择监视方式，在液晶显示屏的左上角显示"M"；按第二下选择测试方式，在液晶显示屏的左上角显示"T"；按第三下又回到监视方式，编程器当时的工作状态显示在液晶显示屏的左上角。

④ GO：执行键，用于对指令的确认和执行命令，在键入某指令后，再按"GO"键，编程器就将该指令写入 PLC 的用户程序存储器，该键还可用来选择工作方式。

⑤ CLEAR：清除键，在未按"GO"键之前，按下"CLEAR"键，刚刚键入的操作码或操作数被清除。另外，该键还用来清除屏幕上的错误内容或恢复原来的画面。

⑥ SP：空格键，输入多参数的指令时，用来指定操作数或常数。在监视工作方式下，

若要监视位编程元件，先按下"SP"键，再送该编程元件和元件号。

⑦ STEP：步序键，如果需要显示某步的指令，先按下"STEP"键，再送步序号。

⑧ ↑、↓：光标键，用此键移动光标和提示符，指定当前软元件的前一个或后一个元件，作上、下移动。

⑨ HELP：帮助键，按下"FNC"键后按"HELP"键，屏幕上显示应用指令的分类菜单，再按下相应的数字键，就会显示出该类指令的全部指令名称。在监视方式下按"HELP"键，可用于使字编程元件内的数据在十进制和十六进制数之间进行切换。

⑩ OTHER：其他键，无论什么时候按下它，立即进入菜单选择方式。

2）指令键、元件符号键和数字键。

它们都是双功能键，键的上面是指令助记符，键的下部分是数字或软元件符号，何种功能有效，是在当前操作状态下，由功能自动定义。下面的双重元件符号 Z/V、K/H 和 P/I 交替起作用，反复按键时相互切换。

3）FX-20P-E 型手持式编程器的液晶显示屏。FX-20P-E 型手持式编程器液晶显示屏示意图如图 A-2 所示。

液晶显示屏可显示 4 行、每行 16 个字符，第一行第 1 列的字符代表编程器的工作方式。其中显示"R"为读出用户程序；"W"为写入用户程序；"I"为将编制的程序插入光标"▶"所指的指令之前；"D"为删除"▶"所指的指令；"M"表示编程器处于监视工作状态，可以监视位编程元件的 ON/OFF 状态、字编程元件内的程序，以及对基本逻辑指令的通断状态进行监视；"T"表示编程器处于测试（Test）工作状态，可以对编程元件的状态以及定时器和计数器的线圈强制 ON 或强制 OFF，也可以对自编程元件内的数据进行修改。

```
R ▶  104  LD   M    20
     105  OUT  T     6
                K   150
     108  LDI  X   007
```

图 A-2　FX-20P-E 型手持式编程器液晶显示屏

第 2 列为行光标，第 3 列到第 6 列为指令步序号，第 7 列为空格，第 8 列到第 11 列为指令助记符，第 12 列为操作数或元件类型，第 13 列到 16 列为操作数或元件号。

3. FX-20P-E 型手持式编程器的工作方式选择

FX-20P-E 型手持式编程器具有在线（ONLINE，或称联机）编程和离线（OFFLINE，或称脱机）编程两种工作方式。在线编程时编程器与 PLC 直接相连，编程器直接对 PLC 的用户程序存储器进行读写操作。若 PLC 内装有 EEPROM 卡盒，则程序写入该卡盒；若没有 EEPROM 卡盒，则程序写入 PLC 内的 RAM 中。在离线编程时，编制的程序首先写入编程器内的 RAM 中，以后再成批的传送到 PLC 的存储器。

```
PROGRAM MODE
■ ONLINE  (PC)
  OFFLINE (HPP)
```

图 A-3　在线、离线工作方式选择

FX-20P-E 型编程器上电后，其液晶显示屏上显示的内容如图 A-3 所示。

其中闪烁的符号"■"指明编程器所处的工作方式。用"↑"或"↓"键将"■"移动到选中的方式上，然后按"GO"键，就进入所选定的编程方式。

若按下"OTHER"键，则进入工作方式选定的操作。此时，FX-20P-E 型手持式编程器的液晶显示屏显示的内容如图 A-4 所示。

闪烁的符号"■"表示编程器所选的工作方式，按"↑"或"↓"，将"■"上移或下移到所需的位置，再按"GO"键，就进入了选定的工作方式。在联机编程方式下，可供选择的工作方式共有 7 种，它们分别是：

1）OFFLINE MODE(脱机方式)：进入脱机编程方式。

2）PROGRAM CHECK：程序检查，若没有错误，显示"NO ERROR"（没有错误）；若有错误，则显示出错误指令的步序号及出错代码。

```
ONLINE MODE FX
■ 1. OFFLINE MODE
  2. PROGRAM CHECK
  3. DATA TRANSFER
```

图 A-4 工作
方式选定

3）DATA TRANSFER：数据传送，若 PLC 内安装有存储器卡盒，在 PLC 的 RAM 和外装的存储器之间进行程序和参数的传送。反之，则显示"NO MEM CASSETTE"（没有存储器卡盒），不进行传送。

4）PARAMETER：对 PLC 的用户程序存储器容量进行设置，还可以对各种具有断电保持功能的编程元件的范围以及文件寄存器的数量进行设置。

5）XYM.. NO. CONV.：修改 X、Y、M 的元件号。

6）BUZZER LEVEL：蜂鸣器的音量调节。

7）LATCH CLEAR：复位有断电保持功能的编程元件。

对文件寄存器的复位与它使用的存储器类别有关，只能对 RAM 和写保护开关处于 OFF 位置的 EEPROM 中的文件寄存器复位。

4. 用户程序存储器初始化

在写入程序之前，一般需要将存储器中原有的内容全部清除，再按"RD/WR"键，使编程器(写)处于 W 工作方式，接着按以下顺序按键：

$$NOP \rightarrow A \rightarrow GO \rightarrow GO$$

5. 指令的读出

（1）根据步序号读出指令　根据步序号读出指令的基本操作如图 A-5 所示，先按"RD/WR"键，使编程器处于 R(读)工作方式，如果要读出步序号为 105 的指令，再按下列的顺序操作，该指令就显示在屏幕上。

$$STEP \rightarrow 1 \rightarrow 0 \rightarrow 5 \rightarrow GO$$

图 A-5　根据步序号读出指令的基本操作

若还需要显示该指令之前或之后的其他指令，可以按"↑"、"↓"或"GO"键。按"↑"、"↓"键可以显示上一条或下一条指令。按"GO"键可以显示下面 4 条指令。

（2）根据指令读出　根据指令读出的基本操作如图 A-6 所示，先按"RD/WR"键，使编程器处于 R(读)工作方式，然后根据图 A-6 或图 A-7 所示的操作步骤依次按相应的键，该指令就显示在屏幕上。

例如：指定指令"LD　X020"，从 PLC 中读出该指令。

按"RD/WR"键，使编程器处于读(R)工作方式，然后按以下的顺序按键：

$$LD \rightarrow X \rightarrow 2 \rightarrow 0 \rightarrow GO$$

按"GO"键后液晶显示屏上显示出指定的指令和步序号。再按"GO"键，屏幕上显示出下一条相同的指令及其步序号。如果用户程序中没有该指令，在屏幕的最后一行将显示"NOT FOUND"（未找到）。按"↑"或"↓"键可读出上一条或下一条指令。按

"CLEAR"键,则屏幕显示出原来的内容。

图 A-6　根据指令读出的基本操作

例如:读出数据传送指令"(D)MOV(P) D10 D14"。

MOV 指令的应用指令代码为 12,先按"RD/WR",使编程器处于 R(读)工作方式,然后按下列顺序按键:

$$FUN\rightarrow D\rightarrow 1\rightarrow 2\rightarrow P\rightarrow GO$$

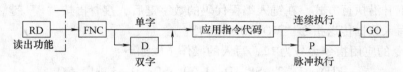

图 A-7　应用指令读出的基本操作

(3) 根据元件读出指令　先按"RD/WR",使编程器处于 R(读)工作方式,在读(R)工作方式下读出含有 Y1 的指令的基本操作如图 A-8 所示。按下列顺序按键:

$$SP\rightarrow Y\rightarrow 1\rightarrow GO$$

这种方法只限于基本逻辑指令,不能用于应用指令。

图 A-8　根据元件读出的基本操作

(4) 根据指针查找其所在的步序号　根据指针查找其所在的步序号基本操作如图 A-9 所示,在 R(读)工作方式下读出 8 号指针的操作步骤如下:

$$P\rightarrow 8\rightarrow GO$$

屏幕上将显示指针 P8 及其步序号。读出中断程序指针时,应连续按两次"P/I"键。

图 A-9　根据指针查找其所在的步序号的基本操作

6. 指令的写入

按"RD/WR"键,使编程器处于 W(写)工作方式,然后根据该指令所在的步序号,按"STEP"键后键入相应的步序号,接着按"GO"键,使"▶"移动到指定的步序号时,可以开始写入指令。如果需要修改刚写入的指令,在未按"GO"键之前,按下"CLEAR"键,刚键入的操作码或操作数被清除。若按了"GO"键之后,可按"↑"键,回到刚写入的指令,再作修改。

(1) 写入基本逻辑指令　写入指令"LD X010"时,先使编程器处于 W(写)工作方式,

将光标"►"移动到指定的步序号位置,然后按以下顺序按键:

$$LD \to X \to 1 \to 0 \to GO$$

写入 LDP、ANP、ORP 指令时,在按对应指令键后还要按"P/I"键;写入 LDF、ANF、ORF 指令时,在按对应指令键后还要按"F"键;写入 INV 指令时,按"NOP"、"P/I"和"GO"键。

(2)写入应用指令 基本操作如图 A-10 所示,按"RD/WR"键,使编程器处于 W(写)工作方式,将光标"►"移动到指定的步序号位置,然后按"FNC"键,接着按该应用指令的指令代码对应的数字键,然后按"SP"键,再按相应的操作数。如果操作数不止一个,每次键入操作数之前,先按一下"SP"键,键入所有的操作数后,再按"GO"键,该指令就被写入 PLC 的存储器内。如果操作数为双字,按"FNC"键后,再按"D"键;如果是脉冲上升沿执行方式,在键入编程代码的数字键后,接着再按"P"键。

例如:写入数据传送指令"MOV D10 D14"。

MOV 指令的应用指令编号为 12,写入的操作步骤如下:

$$FUN \to 1 \to 2 \to SP \to D \to 1 \to 0 \to SP \to D \to 1 \to 4 \to GO$$

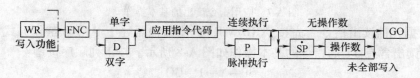

图 A-10 写入应用指令的基本操作

例如:写入数据传送指令(D) MOV (P) D10 D14。

操作步骤如下:

$$FUN \to D \to 1 \to 2 \to P \to SP \to D \to 1 \to 0 \to SP \to D \to 1 \to 4 \to GO$$

(3)指针的写入 写入指针的基本操作如图 A-11 所示。如写入中断用的指针,应连续按两次"P/I"键。

(4)指令的修改 例如:将步序号为 105 原有的指令"OUT T6 K150"改写为"OUT T6 K30"。

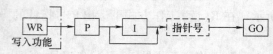

图 A-11 写入指针的基本操作

根据步序号读出原指令后,按"RD/WR"键,使编程器处于 W(写)工作方式,然后按下列操作步骤按键:

$$OUT \to T \to 6 \to SP \to K \to 3 \to 0 \to GO$$

如果要修改应用指令中的操作数,读出该指令后,将光标"►"移到欲修改的操作数所在的行,然后修改该行的参数。

7. 指令的插入

如果需要在某条指令之前插入一条指令,按照前述指令读出的方式,先将某条指令显示在液晶显示屏上,使光标"►"指向该指令。然后按"INS/DEL"键,使编程器处于 I(插入)工作方式,再按照指令写入的方法将该指令写入,按"GO"键后,写入的指令插在原指令之前,后面的指令依次向后推移。

例如:要在 180 步之前插入指令"AND M3",在 I 工作方式下首先读出 180 步的指令,然后使光标"▶"指向 180 步按以下顺序按键：

$$INS \rightarrow AND \rightarrow M \rightarrow 3 \rightarrow GO$$

8. 指令的删除

（1）逐条指令的删除　如果需要将某条或某个指针删除，按照指令读出的方法，先将该指令或指针显示在液晶显示屏上，令光标"▶"指向该指令。然后按"INS/DEL"键，使编程器处于 D（删除）工作方式，再按功能键"GO"，该指令或指针即被删除。

（2）NOP 指令的成批删除　按"INS/DEL"键，使编程器处于 D（删除）工作方式，依次按"NOP"键和"GO"键，执行完毕后，用户程序中间的 NOP 指令被全部删除。

（3）指定范围内的指令删除　按"INS/DEL"键，使编程器处于 D（删除）工作方式，接着按下列操作步骤依次按相应的键，该范围内的程序就被删除：

$$STEP \rightarrow 起始步序号 \rightarrow SP \rightarrow STEP \rightarrow 终止步序号 \rightarrow GO$$

9. 对 PLC 编程元件与基本指令通/断状态的监视

监视功能是通过编程器对各个位编程元件的状态和各个字编程元件内的数据监视和测试，监视功能可测试和确认联机方式下 PLC 编程元件的动作和控制状态，包括对基本逻辑运算指令通/断状态的监视。

（1）对位元件的监视　基本操作如图 A-12 所示，FX2N、FX2NC 有多个变址寄存器 Z0～Z7 和 V0～V7，监视位元件时应送变址寄存器的元件号。以监视辅助继电器 M135 的状态为例，先按"MNT/TEST"键，使编程器处于 M（监视）工作方式，然后按下列的操作步骤按键：

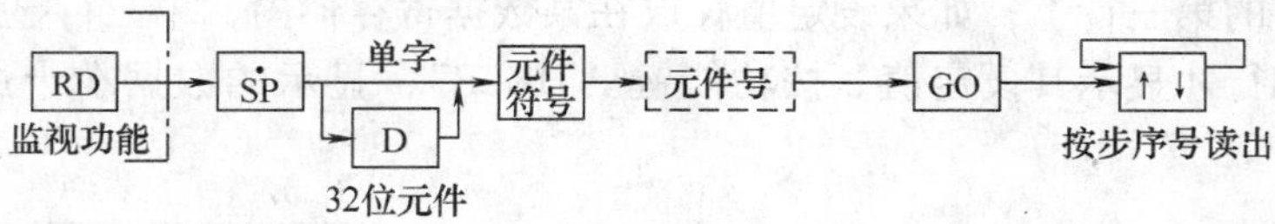

图 A-12　元件监视的基本操作

$$SP \rightarrow M \rightarrow 1 \rightarrow 3 \rightarrow 5 \rightarrow GO$$

液晶显示屏上就会显示出 M135 的状态，如图 A-13 所示。如果在编程元件左侧有字符"■"，则表示该编程元件处于 ON 状态；如果没有字符"■"，则表示它处于 OFF 状态，最多可监视 8 个元件。按"↑"或"↓"键，可以监视前面或后面的元件状态。

（2）监视 16 位字元件（D、Z、V）内的数据　以监视数据寄存器 D10 内的数据为例，首先按"MNT/TEST"键，使编程器处于 M（监视）工作方式，接着按下面的顺序按键：

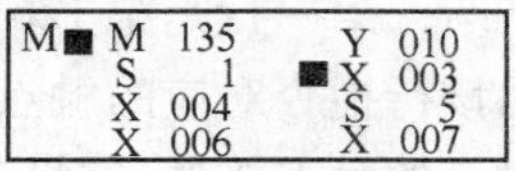

图 A-13　位编程
元件的监视

$$SP \rightarrow D \rightarrow 1 \rightarrow 0 \rightarrow GO$$

液晶显示屏上就会显示出数据寄存器 D10 内的数据。再按功能键"↓"，依次显示 D11、D12、D13 内的数据。此时显示的数据均以十进制数表示，若要以十六进制数表示，可按功能键"HELP"，重复按功能键"HELP"，显示的数据在十进制数和十六进制数之间切换。

（3）监视 32 位字元件（D、Z、V）内的数据　以监视由数据寄存器 D0 和 D1 组成的 32 位数据寄存器内的数据为例，首先按"MNT/TEST"键，使编程器处于 M（监视）工作方式，再按下面的顺序按键：

$$SP \rightarrow D \rightarrow D \rightarrow 0 \rightarrow GO$$

液晶显示屏上就会显示出由数据寄存器 D0 和 D1 组成的 32 位数据寄存器内的数据(见图 A-14),若要以十六进制数表示,可用帮助键"HELP"来切换。

```
M D    1   D    0
▶D 121  K 345732
      D    120
   K  87437321
```

图 A-14　32 位
元件的监视

(4) 对定时器和 16 位计数器的监视　以监视定时器 C98 的运行情况为例,首先按"MNT/TEST"键,使编程器处于 M(监视)工作方式,再按下面的顺序按键:

$$SP \rightarrow C \rightarrow 9 \rightarrow 8 \rightarrow GO$$

液晶显示屏上显示的内容如图 A-15 所示。图中第三行显示的数据"K20"是 C98 的当前计数值,第四行末尾显示的数据"K100"是 C98 的设定值。第四行中的字母"P"表示 C98 输出触点的状态,当其右侧显示"■"时,表示其常开触点闭合;反之则表示其常开触点断开。第四行中的字母"R"表示 C98 复位电路的状态,当其右侧显示"■"时,表示其复位电路闭合,复位位为 ON 状态;反之则表示其复位电路断开,复位位为 OFF 状态。非积算定时器没有复位输入,图 A-15 中 T100 的"R"未用。

(5) 对 32 位计数器的监视　以监视 32 位计数器 C210 的运行情况为例,首先按"MNT/TEST"键,使编程器处于 M(监视)工作方式,再按下面的顺序按键:

$$SP \rightarrow C \rightarrow 2 \rightarrow 1 \rightarrow 0 \rightarrow GO$$

液晶显示屏上显示的内容如图 A-16 所示。第一行显示的"P"和"R"的意义与图 A-15 中的一样,"U"的右侧显示"■"时,表示其计数方式为递增(UP),反之为递减计数方式。第二行显示的数据为当前计数值。第三行和第四行显示设定值,如果设定值为常数,直接显示在屏幕的第三行上;如果设定值存放在某数据寄存器内,第三行显示该数据寄存器的元件号,第四行才显示其设定值。按功能键"HELP",显示的数据在十进制数和十六进制数之间切换。

```
M  T 100    K   100
   P   R    K   250
  ▶C  98    K    20
   P■ R     K   100
```

图 A-15　定时器计数器的监视

```
M▶ C 210    P R U■
     K  1234568
     K  2345678
```

图 A-16　32 位计数器的监视

(6) 通/断检查　在监视状态下,根据步序号或指令读出程序,可监视指令中元件触点的通/断和线圈的状态,基本操作如图 A-17 所示。按"GO"键后显示 4 条指令,如图 A-18 所示,第一行是第 126 步的指令。若某一行的第 11 列(即元件符号的左侧)显示空格,则表示该行指令对应的触点断开,对应的线圈"断电";若第 11 列显示"■",则表示该行指令对应的触点接通,对应的线圈"通电"。若在 M 工作方式下,可按以下顺序按键:

```
M▶126 LD  X 013
  127 ORI ■ M 100
  128 OUT ■ Y 005
  129 LDI   T  15
```

图 A-17　通/断检查的基本操作　　　　图 A-18　通/断检查

$$STEP \rightarrow 1 \rightarrow 2 \rightarrow 6 \rightarrow GO$$

液晶显示屏上显示的内容如图 A-18 所示。根据各行是否显示"■",就可以判断触点和线圈的状态。但是对定时器和计数器来说，若 OUT T 或 OUT C 指令所在行显示"■"，仅表示定时器或计数器分别处于定时或计数工作状态(其线圈"通电")，并不表示其输出常开触点接通。

(7) 状态继电器的监视　用指令或编程元件的测试功能使 M8047(STL 监视有效)为 ON，首先按"MNT/TEST"键，使编程器处于 M(监视)工作方式，再按"STL"键和"GO"键，可以监视最多 8 点为 ON 的状态继电器(S)，它们按元件号从大到小的顺序排列。

10. 对编程元件的测试

测试功能是指用编程器对位元件的强制置位与复位(ON/OFF)、对字元件内数据的修改，如对 T、C、D、Z、V 当前值的修改，对 T、C 设定值的修改和文件寄存器的写入等内容。

(1) 位编程元件强制 ON/OFF　先按"MNT/TEST"键，使编程器处于 M(监视)工作方式，然后按照监视位编程元件的操作步骤，显示出需要强制 ON/OFF 的那个编程元件，接着再按"MNT/TEST"键，使编程器处于 T(测试)工作方式，确认"▶"指向需要强制 ON 或强制 OFF 的编程元件以后，按一下"SET"键，即强制该位编程元件为 ON；按一下"RST"键，即强制该编程元件为 OFF。

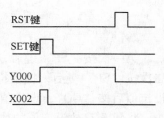

图 A-19　强制 ON/OFF 波形

强制 ON/OFF 的时间与 PLC 的运行状态有关，也与位编程元件的类型有关。一般来说，当 PLC 处于 STOP 状态时，按一下"SET"键，除了输入继电器 X 接通的时间仅一个扫描周期以外，其他位编程元件的 ON 状态一直持续到按下"RST"键为止，其波形如图 A-19 所示(注意，每次只能对"▶"所指的那一个编程元件执行强制 ON/OFF)。

但是，当 PLC 处于 RUN 状态时，除了输入继电器 X 的执行情况与在 STOP 状态时的一样以外，其他位编程元件的执行情况还与梯形图的逻辑运算结果有关。假设扫描用户程序的结果使输出继电器 Y000 为 ON，按"RST"键只能使用 Y000 为 OFF 的时间维持一个扫描周期；反之，假设扫描用户程序的结果使输出继电器 Y000 为 OFF，按"SET"键只能使 Y000 为 ON 的时间维持一个扫描周期。

(2) 修改 T、C、D、Z、V 的当前值　在 M(监视)工作方式下，按照监视字编程元件的操作步骤，显示出需要修改的那个字编程元件，再按"MNT/TEST"键，使编程器处于测试(T)工作方式，修改 T、C、D、Z、V 的当前值的基本操作如图 A-20 所示。

将定时器 T6 的当前值修改为 K210 的操作如下：

监视 T6→TEST→SP→K→2→1→0→GO

常数 K 为十进制数设定，H 为十六进制数设定，输入十六进制数时连续按两次"K/H"键。

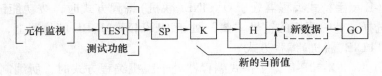

图 A-20　修改字元件数据的基本操作

(3) 修改 T、C 设定值   先按"MNT/TEST"键，使编程元件处于 M(监视)工作方式，然后按照前述监视定时器和计数器的操作步骤，显示出待监视的定时器和计数器指令后，再按"MNT/TEST"键，使编程器处于 T(测试)工作方式，修改 T、C 设定值的基本操作如图 A-21 所示。将定时器 T4 的设定值修改为 K50 的操作为：

监视 T4→TEST→SP→SP→K→5→0→GO

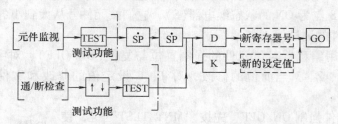

图 A-21   修改 T、C 设定值的基本操作

第一次按"SP"键后，提示符"▶"出现在当前值前面，这时可以修改其当前值；第二次按"SP"键后，提示符"▶"出现在设定值前面，这时可以修改其设定值；键入新的设定值后按"GO"，设定值修改完毕。

将 T10 存放设定值的数据寄存器的元件号修改为 D20 的键操作如下：

监视 T10→TEST→SP→SP→D→2→0→GO

另一种修改方法是先对 OUT T10(以修改 T10 的设定值为例)指令进行通/断检查，然后按功能键"↓"使"▶"指向设定值所在行，再按"MNT/TEST"，使编程器处于 T(测试)工作方式，键入新的设定值后按"GO"，便完成了设定值的修改。

将 105 步的 OUT T5 指令的设定值修改为 K35 的键操作如下：

监视 105 步的指令→↓→TEST→K→3→5→GO

11. 脱机(OFFLINE)编程方式

(1) 脱机编程   脱机方式编制的程序存放在手持式编程器内部的 RAM 中；联机方式编制的程序存放在 PLC 内的 RAM 中，编程器内部 RAM 中的程序不变。编程器内部 RAM 中写入的程序可成批地传送到 PLC 的内部 RAM 中，也可成批地传送到装在 PLC 上的存储器卡盒。往 ROM 写入器的传送应在脱机方式下进行。

手持式编程器内 RAM 的程序用超级电容器作断电保护，充电 1h，可保持 3 天以上。因此，可将在实验室里脱机生成的装在手持式编程器 RAM 内的程序，传送给安装在现场的 PLC。

(2) 进入脱机编程方式的方法   有两种方法可以进入脱机编程方式：

1) FX-20P-E 型手持式编程器上电后，按"↓"键，将闪烁的符号"■"移动到 OFF-LINE(HPP)位置上，然后按"GO"键就进入脱机编程方式。

2) FX-20P-E 型手持式编程器处于 ONLINE(联机)编程方式时，按功能键"OTHER"，进入工作方式选择，此时闪烁的符号"■"处于 OFFLINE MODE 的位置上，接着按"GO"键，就进入 OFFLINE(脱机)编程方式。

(3) 工作方式   FX-20P-E 型手持式编程器处于脱机编程方式时，所编制的用户程序存入编程器内的 RAM 中，与 PLC 内的用户程序存储器以及 PLC 的运行方式都没有关系。除了联机编程方式中的 M 和 T 两种工作方式不能使用以外，其余的工作方式(R、W、I、D)及操作步骤均适用于脱机编程。按"OTHER"键后，即进入工作方式选择的操作。此时，液晶显示屏显示的内容如图 A-22 所示。

```
OFFLINE MODE FX
■ 1. ONLINE MODE
   2. PROGRAM CHECK
   3. HPP <->FX
```

图 A-22　屏幕显示

　　脱机编程方式下可用光标键选择 PLC 的型号，如图 A-23 所示。FX2N、FX2NC、FX1N 和 FX1S 之外的其他系列的 PLC 应选择"FX，FX0"。选择好后按"GO"键，出现如图 A-24 所示的确认界面，如果使用的 PLC 的型号有变化，则按"GO"键。要复位参数或返回起始状态时按"CLEAR"键。

```
SELECT PC TYPE
■ FX,FX0
  FX2N,FX1N,FX1S
```

图 A-23　选择 PLC 的型号

```
PC TYPE CHANGED
UPDATE PARAMS
OK→[GO]
NO→[CLEAR]
```

图 A-24　确认界面

在脱机编程方式下，可供选择的工作方式工有 7 种，它们依次是：

1）ONLINE　MODE；

2）PROGRAM　CHECK；

3）HPP〈—〉FX；

4）PARAMETER；

5）XYM. . NO. CONV. ；

6）BUZZER　LEVEL；

7）MODULE。

　　选择 ONLINE MODE 时，编程器进入联机编程方式。PROGRAM　CHECK、PARAME-TER、XYM. . NO. CONV. 和 BUZZER LEVEL 的操作与联机编程方式下相同。

　　（4）程序传送　选择 HPP〈—〉FX 时，若 PLC 内没有安装存储器卡盒，液晶显示屏显示的内容如图 A-25 所示。按功能键"↑"或"↓"，将"■"移到需要的位置上，再按功能键"GO"，就执行响应的操作。其中"→"表示将编程器的 RAM 中的用户程序传送到 PLC 内的用户程序存储器中去，这时 PLC 必须处于 STOP 状态。"←"表示将 PLC 内存储器中的用户程序读入编程器内的 RAM 中，":"表示将编程器内 RAM 中的用户程序与 PLC 的存储器中的用户程序进行比较，PLC 处于 STOP 或 RUN 状态都可以进行后两种操作。

　　若 PLC 内装了 RAM、EEPROM 或 EPROM 扩展存储器卡盒，液晶显示屏显示的内容如图 A-26 所示，图中的 ROM 分别为 RAM、EEPROM 和 EPROM，且不能将编程器内 RAM 中的用户程序传送到 PLC 内的 EPROM 中去。

```
  3.HPP<->FX
■ HPP→RAM
  HPP←RAM
  HPP: RAM
```

图 A-25　未安装存储器卡盒时
液晶显示屏显示的内容

```
[ROM WRITE]
■ HPP→ROM
  HPP← ROM
  HPP: ROM
```

图 A-26　安装存储器卡盒时
液晶显示屏显示的内容

　　（5）MODUL 功能　MODULE 功能用于 EEPROM 和 EPROM 的写入，先将 FX-20P-RWM 型 ROM 写入器插在编程器上，开机后进入 OFF LINE（脱机）方式，选中 MODULE 功能，按功能键"GO"后液晶显示屏显示的内容如图 A-26 所示。

//// 电气控制与 PLC（三菱 FX 机型）

在 MODULE 方式下，共有 4 种工作方式可供选择：

1）HPP→ROM。

将编程器内 RAM 中的用户程序写入插在 ROM 写入器上的 EEPROM 或 EPROM 内。写操作之前必须先将 EPROM 中的内容全部擦除或先将 EEPROM 的写保护开关置于 OFF 位置。

2）HPP←ROM。

将 EPROM 或 EEPROM 中的用户程序读入编程器内的 RAM。

3）HPP：ROM。

将编程器内 RAM 中的用户程序插在 ROM 写入器上的 EPROM 或 EEPROM 内的用户程序进行比较。

4）ERASE CHECK。

用来确认存储器卡盒中的 EPROM 是否已被擦除干净。如果 EPROM 中还有数据，将显示 "ERASE ERROR"（擦除错误）。如果存储器卡盒中是 EEPROM，将显示 "ROM MIS-CONNECTED"（ROM 连接错误）。

```
┌──────────────────────┐
│ ■ RUN      INPUT     │
│   USE      X002      │
│   DON'T    USE       │
└──────────────────────┘
```

图 A-27　设置外部
RUN 开关屏幕显示

使用图 A-27 所示的画面，可将 X000～X017 中的一个输入点设置为外部的 RUN 开关，选择 "DON'T　USE" 可取消此功能。

附录 B　FX 系列 PLC 应用指令一览表

分类	FNC NO.	指令助记符	功能说明	对应不同型号的 PLC				
				FX0S	FX0N	FX1S	FX1N	FX2N、FX2NC
程序流程	00	CJ	条件跳转	✓	✓	✓	✓	✓
	01	CALL	子程序调用	×	×	✓	✓	✓
	02	SRET	子程序返回	×	×	✓	✓	✓
	03	IRET	中断返回	✓	✓	✓	✓	✓
	04	EI	开中断	✓	✓	✓	✓	✓
	05	DI	关中断	✓	✓	✓	✓	✓
	06	FEND	主程序结束	✓	✓	✓	✓	✓
	07	WDT	监视定时器刷新	✓	✓	✓	✓	✓
	08	FOR	循环的起点与次数	✓	✓	✓	✓	✓
	09	NEXT	循环的终点	✓	✓	✓	✓	✓
传送与比较	10	CMP	比较	✓	✓	✓	✓	✓
	11	ZCP	区间比较	✓	✓	✓	✓	✓
	12	MOV	传送	✓	✓	✓	✓	✓
	13	SMOV	位传送	×	×	×	×	✓
	14	CML	取反传送	×	×	×	×	✓
	15	BMOV	成批传送	×	✓	✓	✓	✓

（续）

分类	FNC NO.	指令助记符	功能说明	对应不同型号的 PLC				
				FX0S	FX0N	FX1S	FX1N	FX2N、FX2NC
传送与比较	16	FMOV	多点传送	×	×	×	×	✓
	17	XCH	交换	×	×	×	×	✓
	18	BCD	二进制转换成 BCD 码	✓	✓	✓	✓	✓
	19	BIN	BCD 码转换成二进制	✓	✓	✓	✓	✓
算术与逻辑运算	20	ADD	二进制加法运算	✓	✓	✓	✓	✓
	21	SUB	二进制减法运算	✓	✓	✓	✓	✓
	22	MUL	二进制乘法运算	✓	✓	✓	✓	✓
	23	DIV	二进制除法运算	✓	✓	✓	✓	✓
	24	INC	二进制加 1 运算	✓	✓	✓	✓	✓
	25	DEC	二进制减 1 运算	✓	✓	✓	✓	✓
	26	WAND	字逻辑与	✓	✓	✓	✓	✓
	27	WOR	字逻辑或	✓	✓	✓	✓	✓
	28	WXOR	字逻辑异或	✓	✓	✓	✓	✓
	29	NEG	求二进制补码	×	×	×	×	✓
循环与移位	30	ROR	循环右移	×	×	×	×	✓
	31	ROL	循环左移	×	×	×	×	✓
	32	RCR	带进位右移	×	×	×	×	✓
	33	RCL	带进位左移	×	×	×	×	✓
	34	SFTR	位右移	✓	✓	✓	✓	✓
	35	SFTL	位左移	✓	✓	✓	✓	✓
	36	WSFR	字右移	×	×	×	×	✓
	37	WSFL	字左移	×	×	×	×	✓
	38	SFWR	FIFO（先入先出）写入	×	×	×	×	✓
	39	SFRD	FIFO（先入先出）读出	×	×	×	×	✓
数据处理	40	ZRST	区间复位	✓	✓	✓	✓	✓
	41	DECO	解码	✓	✓	✓	✓	✓
	42	ENCO	编码	✓	✓	✓	✓	✓
	43	SUM	统计 ON 位数	×	×	×	×	✓
	44	BON	查询位某状态	×	×	×	×	✓
	45	MEAN	求平均值	×	×	×	×	✓
	46	ANS	报警器置位	×	×	×	×	✓
	47	ANR	报警器复位	×	×	×	×	✓
	48	SQR	求二次方根	×	×	×	×	✓
	49	FLT	整数与浮点数转换	×	×	×	×	✓

（续）

分类	FNC NO.	指令助记符	功能说明	对应不同型号的 PLC				
				FX0S	FX0N	FX1S	FX1N	FX2N、FX2NC
高速处理	50	REF	输入输出刷新	✓	✓	✓	✓	✓
	51	REFF	输入滤波时间调整	×	×	×	×	✓
	52	MTR	矩阵输入	×	×	✓	✓	✓
	53	HSCS	比较置位(高速计数用)	×	✓	✓	✓	✓
	54	HSCR	比较复位(高速计数用)	×	✓	✓	✓	✓
	55	HSZ	区间比较(高速计数用)	×	×	×	×	✓
	56	SPD	脉冲密度	×	×	✓	✓	✓
	57	PLSY	指定频率脉冲输出	✓	✓	✓	✓	✓
	58	PWM	脉宽调制输出	✓	✓	✓	✓	✓
	59	PLSR	带加减速脉冲输出	×	×	✓	✓	✓
方便指令	60	IST	状态初始化	✓	✓	✓	✓	✓
	61	SER	数据查找	×	×	×	×	✓
	62	ABSD	凸轮控制(绝对式)	×	×	✓	✓	✓
	63	INCD	凸轮控制(增量式)	×	×	✓	✓	✓
	64	TTMR	示教定时器	×	×	×	×	✓
	65	STMR	特殊定时器	×	×	✓	✓	✓
	66	ALT	交替输出	✓	✓	✓	✓	✓
	67	RAMP	斜波信号	✓	✓	✓	✓	✓
	68	ROTC	旋转工作台控制	×	×	×	×	✓
	69	SORT	列表数据排序	×	×	×	×	✓
外部 I/O 设备	70	TKY	10 键输入	×	×	×	×	✓
	71	HKY	16 键输入	×	×	×	×	✓
	72	DSW	BCD 数字开关输入	×	×	✓	✓	✓
	73	SEGD	七段码译码	×	×	×	×	✓
	74	SEGL	七段码分时显示	×	×	✓	✓	✓
	75	ARWS	方向开关	×	×	×	×	✓
	76	ASC	ASCII 码转换	×	×	×	×	✓
	77	PR	ASCII 码打印输出	×	×	×	×	✓
	78	FROM	BFM 读出	×	✓	×	×	✓
	79	TO	BFM 写入	×	✓	×	×	✓
外围设备	80	RS	串行数据传送	×	✓	✓	✓	✓
	81	PRUN	八进制位传送(#)	×	×	✓	✓	✓
	82	ASCI	16 进制数转换成 ASCII 码	×	✓	✓	✓	✓
	83	HEX	ASCII 码转换成十六进制数	×	✓	✓	✓	✓

（续）

分类	FNC NO.	指令助记符	功能说明	对应不同型号的 PLC				
				FX0S	FX0N	FX1S	FX1N	FX2N、FX2NC
外围设备	84	CCD	校验	×	✓	✓	✓	✓
	85	VRRD	电位器变量输入	×	×	✓	✓	✓
	86	VRSC	电位器变量区间	×	×	✓	✓	✓
	87	—	—					
	88	PID	PID 运算	×	×	✓	✓	✓
	89	—	—					
浮点数运算	110	ECMP	二进制浮点数比较	×	×	×	×	✓
	111	EZCP	二进制浮点数区间比较	×	×	×	×	✓
	118	EBCD	二进制浮点数→十进制浮点数	×	×	×	×	✓
	119	EBIN	十进制浮点数→二进制浮点数	×	×	×	×	✓
	120	EADD	二进制浮点数加法	×	×	×	×	✓
	121	ESUB	二进制浮点数减法	×	×	×	×	✓
	122	EMUL	二进制浮点数乘法	×	×	×	×	✓
	123	EDIV	二进制浮点数除法	×	×	×	×	✓
	127	ESQR	二进制浮点数开二次方	×	×	×	×	✓
	129	INT	二进制浮点数→二进制整数	×	×	×	×	✓
	130	SIN	二进制浮点数 sin 运算	×	×	×	×	✓
	131	COS	二进制浮点数 cos 运算	×	×	×	×	✓
	132	TAN	二进制浮点数 tan 运算	×	×	×	×	✓
	147	SWAP	高低字节交换	×	×	×	×	✓
定位	155	ABS	ABS 当前值读取	×	×	✓	✓	×
	156	ZRN	原点回归	×	×	✓	✓	×
	157	PLSV	可变速的脉冲输出	×	×	✓	✓	×
	158	DRVI	相对位置控制	×	×	✓	✓	×
	159	DRVA	绝对位置控制	×	×	✓	✓	×
时钟运算	160	TCMP	时钟数据比较	×	×	✓	✓	✓
	161	TZCP	时钟数据区间比较	×	×	✓	✓	✓
	162	TADD	时钟数据加法	×	×	✓	✓	✓
	163	TSUB	时钟数据减法	×	×	✓	✓	✓
	166	TRD	时钟数据读出	×	×	✓	✓	✓
	167	TWR	时钟数据写入	×	×	✓	✓	✓
	169	HOUR	计时仪	×	×	✓	✓	

(续)

分类	FNC NO.	指令助记符	功能说明	对应不同型号的 PLC				
				FX0S	FX0N	FX1S	FX1N	FX2N、FX2NC
外围设备	170	GRY	二进制数→格雷码	×	×	×	×	✓
	171	GBIN	格雷码→二进制数	×	×	×	×	✓
	176	RD3A	模拟量模块(FX0N-3A)读出	×	✓	×	✓	×
	177	WR3A	模拟量模块(FX0N-3A)写入	×	✓	×	✓	×
触点比较	224	LD =	(S1)=(S2)时起始触点接通	×	×	✓	✓	✓
	225	LD >	(S1)>(S2)时起始触点接通	×	×	✓	✓	✓
	226	LD <	(S1)<(S2)时起始触点接通	×	×	✓	✓	✓
	228	LD < >	(S1)≠(S2)时起始触点接通	×	×	✓	✓	✓
	229	LD ≤	(S1)≤(S2)时起始触点接通	×	×	✓	✓	✓
	230	LD ≥	(S1)≥(S2)时起始触点接通	×	×	✓	✓	✓
	232	AND =	(S1)=(S2)时串联触点接通	×	×	✓	✓	✓
	233	AND >	(S1)>(S2)时串联触点接通	×	×	✓	✓	✓
	234	AND <	(S1)<(S2)时串联触点接通	×	×	✓	✓	✓
	236	AND < >	(S1)≠(S2)时串联触点接通	×	×	✓	✓	✓
	237	AND ≤	(S1)≤(S2)时串联触点接通	×	×	✓	✓	✓
	238	AND ≥	(S1)≥(S2)时串联触点接通	×	×	✓	✓	✓
	240	OR =	(S1)=(S2)时并联触点接通	×	×	✓	✓	✓
	241	OR >	(S1)>(S2)时并联触点接通	×	×	✓	✓	✓
	242	OR <	(S1)<(S2)时并联触点接通	×	×	✓	✓	✓
	244	OR < >	(S1)≠(S2)时并联触点接通	×	×	✓	✓	✓
	245	OR ≤	(S1)≤(S2)时并联触点接通	×	×	✓	✓	✓
	246	OR ≥	(S1)≥(S2)时并联触点接通	×	×	✓	✓	✓

参 考 文 献

[1] 方承远，张振国. 工厂电气控制技术[M]. 北京：机械工业出版社，2006.

[2] 郭艳萍. 电气控制与 PLC 应用[M]. 北京：人民邮电出版社，2010.

[3] 许翏，王淑英. 电气控制与 PLC 应用[M]. 北京：机械工业出版社，2007.

[4] 胡汉文，丁如春. 电气控制与 PLC 应用[M]. 北京：人民邮电出版社，2009.

[5] 廖常初. PLC 基础及应用[M]. 北京：机械工业出版社，2006.

[6] 张运刚，宋小春. PLC 职业技能培训及视频精讲·三菱 FX 系列[M]. 北京：人民邮电出版社，2010.

[7] 劳动部培训司. 电力拖动控制线路[M]. 北京：中国劳动出版社，1994.